NAC 转录因子调控植物抗逆反应的分子机理

贺 琳 著

哈爾濱工業大學出版社

内 容 简 介

本书首先分析 *ANAC*069 基因在非生物胁迫条件下以及在不同组织部位和发育阶段的表达模式。克隆启动子，进行顺式元件分析，检测其活性，鉴定 *ANAC*069 的上游表达调控因子。构建过表达载体，获得 *ANAC*069 转基因株系，同时筛选纯合突变体株系。对不同株系进行非生物胁迫处理，根据表型、组化、生理指标及逆境标志基因的表达确定 *ANAC*069 基因在植物抵御非生物逆境反应中的功能。分析 ANAC069 是否有转录激活活性，寻找可能的互作蛋白。利用 Affymetrix 拟南芥基因芯片分析 ANAC069 蛋白调控的下游代谢途径及靶基因；通过对靶基因启动子进行分析，预测并证实了 ANAC069 蛋白调控下游基因表达时识别的主要元件。最终构建了 ANAC069 所介导的植物逆境反应的分子模型：非生物胁迫信号先激活 *ATDOF*5.8 基因表达，ATDOF5.8 蛋白反过来激活 *ANAC*069 的表达，被激活的 ANAC069 蛋白主要通过识别 C[A/G]CG[T/G]核心序列来调控其下游靶基因的表达，导致一系列逆境反应相关的生理生化变化，包括降低 ROS 的清除能力和 SOD、POD、GST 的活性，改变脯氨酸合成及增加失水率等，最终提高植物对非生物胁迫的敏感性。

本书可供从事植物分子生物学的高年级本科生、研究生参考，也可以作为农林院校林木/作物遗传育种、分子生物技术等相关专业研究生的科研参考书。

图书在版编目(CIP)数据

NAC 转录因子调控植物抗逆反应的分子机理/贺琳著.
—哈尔滨：哈尔滨工业大学出版社，2021.5
ISBN 978-7-5603-9445-9

Ⅰ.①N… Ⅱ.①贺… Ⅲ.①植物基因工程—研究
Ⅳ.①Q943.2

中国版本图书馆 CIP 数据核字(2021)第 119865 号

策划编辑 杨秀华
责任编辑 张 颖 杨 硕
封面设计 刘长友
出版发行 哈尔滨工业大学出版社
社 址 哈尔滨市南岗区复华四道街 10 号 邮编 150006
传 真 0451-86414749
网 址 http://hitpress.hit.edu.cn
印 刷 哈尔滨圣铂印刷有限公司
开 本 787mm×1092mm 1/16 印张 9.25 字数 214 千字
版 次 2021 年 5 月第 1 版 2021 年 5 月第 1 次印刷
书 号 ISBN 978-7-5603-9445-9
定 价 48.00 元

前　言

植物是固着生长的，不像动物一样能活动，这就要求它们进化出独特的防御机制来快速应对环境中的不利因素。干旱、热、冷以及盐是环境中影响植物生长和产量的主要非生物胁迫因素。非生物胁迫因素作为全球农作物产量降低的主要原因，每年使主要粮食和经济作物的产量降低约50％，给人类带来了巨大的经济损失。目前，干旱和盐胁迫普遍存在于世界各地，据统计，全球约有1/3的陆地面积是干旱、半干旱地区，现有可耕地面积的10％是盐渍化土地。随着全球气候日趋暖化，干旱地区面积也在显著增加，土地盐碱化也随之加剧。有专家预测，到2050年原有的可耕地面积的50％将进一步盐碱化。非生物胁迫反应能够引起一系列形态学、生理、生化和分子水平的变化，进而对植物生长、发育和产量产生不利影响。干旱、盐、渗透刺激往往相互联系，共同诱导细胞损伤。

植物胁迫应答是指植物先感知逆境信号，然后通过信号转导激活一系列的逆境反应相关基因，产生许多蛋白参与到抗逆途径中，导致各种各样生理学和代谢方面的变化，最终增强植物的协同抗逆能力。在植物的整个抗逆反应过程中，信号转导尤为关键。信号转导是从植物感知逆境信号到激活抗逆基因表达的一个转换过程。在信号转导网络中转录因子扮演着非常重要的角色。植物通过转录因子调控目的基因表达来调节自身生长发育，响应环境变化。转录因子因为能够识别下游基因启动子中的顺式作用元件，进而控制基因的表达，因此常常把它形象地称为控制基因表达的“分子开关”。在植物信号转导网络中，转录因子不仅仅是“分子开关”，也是整个信号转导的终端。然而，目前关于转录因子所参与的盐和干旱耐受性的信号转导网络并不是很清楚，如果理解了这其中的分子机制，将有助于人们减轻干旱和盐对植物产生的不利影响。

NAC转录因子是植物转录因子中的一个大家族，可以参与植物的各种生物学过程，包括叶片衰老、侧生根形成、顶端分生组织发育、开花、木质部形成、次生细胞壁形成。此外，NAC家族中的许多成员已经被证实可以参与到植物的生物胁迫和非生物胁迫反应中。考虑到来自不同植物的NAC转录因子数目庞大，它们在复杂环境刺激下多重的角色尚且未知，揭示它们在非生物胁迫下的角色是一个非常大的挑战。到目前为止，可以间接通过转录表达谱确定NAC蛋白能否被诱导参与非生物胁迫反应。近些年的功能分析为NAC蛋白能否在非生物胁迫反应中发挥作用提供了直接的证据。目前的数据主要是总结了大部分NAC转录因子在植物非生物胁迫反应中的转录重编程功能，研究*NAC*基因在植物逆境反应中的精细调控有助于建立复杂的信号调控网络。

本书主要研究了拟南芥ANAC069转录因子的表达模式、功能及行使功能的信号转导机制。本书共7章,第1章简要介绍植物转录因子的研究概况和研究方法;第2章主要介绍拟南芥 *ANAC069* 基因的特异性表达和亚细胞定位;第3章主要介绍 *ANAC069* 基因在非生物胁迫下的功能;第4章首先确定 ANAC069 转录因子的转录激活结构域,然后筛选并验证 ANAC069 的互作蛋白;第5章主要鉴定 ANAC069 转录因子的上游调控因子;第6章鉴定 ANAC069 转录因子的下游调控机制;第7章讨论 ANAC069 转录因子的功能和潜在的分子调控机制。

本书的研究和出版感谢以下项目的资助:黑龙江省高校青年创新人才培养计划项目(UNPYSCT-2018079),黑龙江八一农垦大学学成、引进人才科研启动计划项目(XYB2015-02),黑龙江八一农垦大学青年创新人才项目(CXRC2016-03)。

由于作者水平有限,书中难免有不足之处,恳请读者批评指正。

作　者
2021年2月

目　　录

第1章　绪　　论

1.1　植物转录因子的研究概况

1.1.1　植物转录因子的结构和分类

从病毒到人类，所有活的生物体都依靠转录机制表达基因组的特定部分，来应对环境或发育信号的改变，以此执行生命周期中关键的生物学功能。因此，转录构成了调节生物过程的关键步骤，转录因子被认为是决定细胞命运的主开关。转录因子，也称反式作用因子，是一类能识别真核生物基因启动子区域中的顺式作用元件，并与之发生特异性结合的蛋白质。转录因子的存在能够保证其下游靶基因以特定的强度，在特定的时间和空间表达。根据表达的特点，转录因子可以分为组成型转录因子和诱导型转录因子两种。组成型转录因子无论正常条件还是逆境条件下基因都表达，而诱导型转录因子只有经过逆境诱导后基因才会表达，然后进一步启动功能基因的表达。绝大部分转录因子都属于诱导型转录因子。

转录因子一般含有 DNA 结合域、转录调控域、核定位信号以及寡聚化位点 4 个功能区域。但是，不同的转录因子可能缺少某一结构域，如转录调控域或特异的 DNA 结合域。

(1)DNA 结合域。

DNA 结合域是指转录因子识别顺式作用元件并与之结合的一段氨基酸序列，相同类型的转录因子 DNA 结合域的氨基酸序列较为保守，这种保守性决定了转录因子与顺式作用元件结合的特异性。

(2)转录调控域。

相同类型的转录因子的主要区别在于它们的转录调控域不同，转录调控域分为转录激活域和转录抑制域两类，这两类不同的转录调控域决定转录因子对靶基因的转录是起激活作用还是起抑制作用。转录激活域通常由 30～100 个氨基酸组成，一些转录因子可以同时有几个激活结构域。目前，对转录激活域的研究很多，但是对转录抑制域的研究相对较少。转录抑制域发挥作用很可能是通过与其他转录因子竞争同一顺式调控元件进行的，也可能是由于转录因子二聚化作用形成同源或异源二聚体时调控域被掩盖。

(3)核定位信号。

核定位信号是能够调控转录因子进入细胞核的富含精氨酸和赖氨酸的功能区域。转录因子要在细胞核内调控靶基因的表达，因而其进入细胞核是非常重要的，核定位信号能与入核载体相互作用，将转录因子运进细胞核。不同转录因子的核定位信号的序列、位置、数量各不相同。有些转录因子只有一个核定位信号，该类核定位信号区的碱性氨基酸或者聚集在一起，或者形成两个被非保守氨基酸隔开的功能群；有些转录因子含有不止一个核定位信号，这些核定位信号或者功能上独立，或者成簇存在，含有多拷贝核定位信号区的转录因子通过数个核定位信号区进入细胞核；有些转录因子没有核定位信号区，要通过与含有核定位信号区的转录因子发生相互作用才能进入细胞核。

(4)寡聚化位点。

寡聚化位点是不同转录因子借以发生相互作用的功能区域，含有保守的氨基酸序列，大多与DNA结合域相连并形成一定空间构象。不同转录因子通过寡聚化位点发生相互作用，形成异源或同源寡聚化物以影响其DNA结合特异性、结合能力及细胞核定位。

根据DNA结合域的不同，可以把转录因子分为MYB型、bZIP型、NAC型、WRKY型等。目前许多模式生物的基因组测序已经完成，据推断，拟南芥中至少有1 533个编码转录因子的基因，约占其估计基因总数的5.9%；水稻中有1 611个转录因子，约占其总基因数的2.6%；酵母中有209个转录因子，约占其总基因数的3.5%；果蝇中有635个转录因子，约占其总基因数的4.5%。表1.1列出了4种真核生物转录因子的类型和数量分布，从中可以看出，有一些转录因子是植物所特有的，如GARP、Trihelix、WRKY、AP2/EREBP、TCP、ZF－HB和NAC。从转录因子在拟南芥和水稻中的分布情况可以看出转录因子在植物中数量很大，种类很多，这说明高等植物转录调控是非常复杂的过程。近年来的研究发现，一些转录因子可以通过识别逆境相关基因，启动子中的顺式作用元件在逆境反应中发挥作用，这些基因的过表达或抑制表达能够提高植物对逆境反应的耐受性，因此目前利用转录因子来改良植物的抗逆性已经成为植物基因表达调控领域的研究热点。

表1.1 不同转录因子在4种真核生物中的类型和数量分布

家族名称	酵母	果蝇	水稻	拟南芥
MYB	189	182	10	6
bHLH	164	180	8	46
HB	90	84	9	103
bZIP	76	94	21	21
C2H2	66	77	53	291
C2C2	87	80	10	6
MADS	106	77	4	2
HSF	23	27	5	1
GARP	53	56	0	0
Trihelix	38	32	0	0
WRKY	72	100	0	0
AP2/EREBP	146	161	0	0
TCP	23	24	0	0
ZF－HB	14	10	0	0
NAC	105	149	0	0

1.1.2 植物逆境相关转录因子研究现状

1. MYB 转录因子

转录因子中含有 MYB 结合结构域的一类基因组成了 MYB 家族，MYB 结构域的特征是由大约 52 个氨基酸形成能够插入 DNA 主要凹槽的螺旋—转角—螺旋结构。根据含有 MYB 结构域的数目，可以把 *MYB* 基因家族分成 3 个亚类，即 R1R2R3—MYB，R2R3—MYB 和 R1—MYB，它们分别含有 3 个、2 个和 1 个 MYB 区域，其中 R1R2R3—MYB 和 R2R3—MYB 蛋白的 R2、R3 MYB 结构域是特异结合 DNA 序列所必需的，只含 1 个 MYB 结构的 R1—MYB 蛋白很可能以不同的方式结合 DNA 序列，如水稻 RT BP1 蛋白通过形成同源二聚体结合到端粒序列上。目前，从不同植物中已经分离出许多属于 MYB 家族的基因。其中，大部分 *MYB* 基因属于 R2R3—MYB 亚类，该类成员 N 端为含有 2 个 MYB 结构域的 DNA 结合域，C 端含有转录激活结构域。R1R2R3 型 *MYB* 基因在不同物种中存在的数目非常少，仅有 2～3 个成员，Braun 和 Grotewol 从拟南芥中鉴定出 2 个 R1R2R3—MYB 型基因。Kranz 等在所有主要植物进化谱系包括苔藓蕨类、单子叶和双子叶植物中发现了 R1R2R3—MYB 型基因。

MYB 家族基因发挥多种功能，包括调控初生代谢和次生代谢、发育过程、生物胁迫等。此外，一些成员参与调控旱、盐和冷等非生物胁迫反应。TaMYB32 转录因子在种子萌发和幼苗阶段能够提高植物对旱的耐受性，在过表达 *TaMYB*32 基因的植物中，一方面旱响应基因的表达水平发生改变；另一方面一些生理指标也发生改变，进而帮助植物抵御外界不利的环境条件。此外，*TaMYB*32 基因还能提高植物对盐的耐受性。*AtMYB*44 基因能够增强植物的抗氧化活性，在生物胁迫条件下，活性氧含量很可能与 *AtMYB*44 所调节的信号途径有关。拟南芥中由 Hos10 所编码的 R2R3 型 MYB 转录因子是植物冷适应所必需的。水稻中过表达 *OsMYB*4 基因能够提高植物对寒冷的耐受性。苹果中 *MdMYB*10 基因的表达能提高植物对渗透刺激的耐受性。含有 *FLP* 和 *AtMYB*88 的转基因拟南芥通过限制气孔细胞晚期分裂来提高对非生物胁迫的耐受性。*AtMyb*41 基因可以被旱、脱落酸（ABA）和盐处理所诱导，能够调节渗透刺激耐受性。*AtMYB*61 基因通过参与 ABA 调解的气孔关闭来提高植物对盐和旱的耐受性。*OsMYB3R*—2 基因可以提高拟南芥在多种非生物胁迫条件下的耐受性。通过对一些可以被外界环境胁迫诱导的 *MYB* 基因（*ZmM YBC*1、*ZmM YBP* 和 *ZmM YBP*1）的启动子进行分析，发现这些 *MYB* 基因的启动子中存在与 ABA 应答和光调控相关的顺式作用元件 G—BOX，说明 *MYB* 基因的转录水平受到复杂调控。

2. bZIP 转录因子

bZIP 转录因子包含两个区域：一个是富含碱性氨基酸的能结合 DNA 的基本区域，由约 16 个氨基酸组成，含有核定位信号和可用于与 DNA 结合的 N—x7—R/K 元件；另一个是含亮氨酸拉链的结构域，每 9 个氨基酸的 C 端出现一个亮氨酸或其他较大的疏水氨基酸，7 次重复，形成一个亲水脂性的螺旋。为了结合 DNA，两个 bZIP 蛋白通过它们螺旋疏水的一侧粘连在一起，形成一个叠加的线圈绕线圈结构，因此称为拉链结构。形成的同源和异源二聚体受静电引力和螺旋表面疏水斥力影响。已知的能形成异源二聚体的例子有拟南芥中的 ABI5 和 ABI3、水稻中的 TRAB1 和 OsVP1 等。

植物在适应外界非生物胁迫环境时(如盐、旱、种子成熟和休眠),植物激素 ABA 发挥重要作用。ABA 能够驱动保卫细胞中的气孔关闭,调控许多基因的表达,而这些基因的表达产物可以提高植物的耐旱性。许多受 ABA 诱导的基因的启动子中含有一个保守的、响应 ABA 的顺式作用元件,称为 ABRE 元件。bZIP 转录因子能够识别 ABRE 元件调控下游基因的表达。单一的 ABRE 元件并不足以被响应 ABA 的转录因子所识别。在调节小麦 *HVA*22 基因时,ABRE 和其耦合元件构成 ABA 响应复合体。大部分已知的耦合元件与 ABRE 相似,含有 AyGCGT 元件。bZIP 蛋白能结合 A－box(TACGTA)、C－box(GACGTC)与 G－box(CACGTG),这 3 个元件都是回文序列,也有研究表明 bZIP 蛋白可以结合非回文序列。植物 bZIP 蛋白能够参与多种生物学过程,如花发育、种子萌发、植物衰老、光反应等,此外,bZIP 转录因子在植物逆境反应中也充当重要角色。Yuichi Uno 等利用酵母单杂交从拟南芥中克隆了编码 ABRE 结合蛋白的 3 个基因的 cDNA,它们分别是 *AREB*1、*AREB*2 和 *AREB*3。每一个 AREB 蛋白含有一个单独的 bZIP 型 DNA 结合域,其中 *AREB*1 和 *AREB*2 基因可以被 ABA、盐和旱诱导上调表达。Kim 等(2004)研究发现,逆境响应 bZIP 转录因子 OsbZIP62 提高了水稻对旱和氧化应激的耐受性。甘薯 bZIP 转录因子 IbABF4 提高了植物对多种非生物胁迫的耐受性。

3. WRKY 转录因子

WRKY 转录因子是植物所特有的一个大的转录因子家族,最初的 WRKY 的 cDNA 是从土豆(*SPF*1)、燕麦(*ABF*1、2)、荷兰芹(*PcWRKY*1、2、3)和拟南芥(*ZAP*1)中克隆得到的。WRKY 家族成员均含有高度保守的 WRKY 区,它是一个由 60 个氨基酸组成的区域,根据 WRKY 蛋白所含 WRKY 区的数量及类锌指蛋白的特征可以将其划分为三类:含有两个 WRKY 区的属于第一类,大部分含有一个 WRKY 区的属于第二类,少部分含有一个 WRKY 区的属于第三类。通常,第一类和第二类的 WRKY 区相同(C－X4－5－C－X22－23－H－X1－H),第三类与前两类不同,用 C2－HC 代替 C2－H2(C－X7－C－X23－H－X1－C)。这三类 WRKY 蛋白都能特异性地结合 W－box(T)(T)TGAC(C/T)元件。第一类 WRKY 蛋白中的两个 WRKY 区功能不同,如 SPF1、ZAP1 和 PcWRKY1 主要通过近 C 端的 WRKY 区与靶 DNA 序列结合,N 端的 WRKY 区的功能尚不清楚,有可能 N 端区也参与结合过程,能提高蛋白与靶基因结合位点的活性和特异性,也可能是为蛋白间互作提供一个界面,通过与其他蛋白互作后再与 DNA 结合,能提高结合效率。第二类和第三类 WRKY 蛋白与第一类 WRKY 蛋白的 C 端序列更为相似,说明第一类 WRKY 蛋白的 C 端区和第二、三类 WRKY 蛋白功能相同,构成了主要的 DNA 结合区。WRKY 蛋白既存在转录激活区又存在转录抑制区,转录区域的特征是含有某些特定的氨基酸,包括丙氨酸、谷氨酸、脯氨酸、丝氨酸、苏氨酸和带电氨基酸。在酵母中 *PcWRKY*1 基因潜在的 7 个转录调控区中至少有 2 个区域能激活转录。

WRKY 家族成员可以调控植物的各种生物学过程,包括病原体防御、衰老、毛状体发育等。WRKY 转录因子在调节植物逆境反应过程中发挥着重要作用,但是对于它们在非生物胁迫反应中角色的阐明相对较少。在早期的研究中,*WRKY* 基因是从旱生常绿植物中分离得到的,是 ABA 信号途径中的激活因子。瞬时表达试验显示 *OsWRKY*24 和 *OsWRKY*45 是 ABA 诱导型启动子的抑制因子,而 *OsWRKY*72 和 *OsWRKY*77 是 ABA 诱导型启动子的激活因子。水稻中热胁迫可以诱导 HSP101 驱动 *OsWRKY*11 的表达,进而提高植株对热和旱的耐受性。同样,*OsWRKY*45 的过表达除了可以提高植物的抗病能力,还可以提高植物的耐盐和耐旱性。在拟南芥中,无论是 *AtWRKY*25 还是 *AtWRKY*33 的过表达都会提高植物的耐盐性。*GmWRKY*21 基因在拟南芥中过表达后比野生型更耐冷,过表达 *GmWRKY*54 基因的植物表现得更耐盐和耐旱,过表达 *GmWRKY*13 基因后,植物对盐和甘露醇的敏感性增加。橡胶树中的 *HbWRKY*82 基因在拟南芥中与植物的非生物胁迫抗性和叶片衰老有关。

4. NAC 转录因子

NAC 基因组成了植物特异性转录因子的一个大家族,其命名是矮牵牛基因 *NAM*、拟南芥基因 *ATAF* 和 *CUC*2 的首字母缩略词,这 3 个基因是最初发现的含有特定 NAC 区域的基因。利用植物基因组全测序,鉴定出拟南芥中有 117 个 *NAC* 基因,水稻中有 151 个,葡萄中有 79 个,柑橘中有 26 个,杨树中有 163 个,大豆和烟草中各有 152 个。NAC 蛋白的 N 端区域高度保守,被称为 DNA 结合区,含有 150～160 个氨基酸,被划分为 A、B、C、D 和 E 5 个亚结构域。其中,A、C、D 在不同的物种中是高度保守的,而 B 和 E 的保守性不强。NAC 蛋白的 DNA 结合区的功能可能与核定位、DNA 结合,以及与其他含有 NAC 结合区域的 NAC 蛋白相结合有关。目前利用 X 射线检晶器已经获得了 *ANAC*019 N 端区域的结构,即由几个螺旋环绕一个反向平行的 β—折叠所形成的一种新的转录因子折叠结构。N 端结合区所具有的新的折叠结构使得相同或不同的 NAC 蛋白之间能够利用疏水互作、2 个反向平行的短 β—折叠片段及 2 个盐桥的作用形成同源或异源二聚体,形成的二聚体表面的一侧富含正电荷,与 DNA 结合有关。其中,促进盐桥形成的两个关键氨基酸是精氨酸和谷氨酸,Olsen 等研究显示拟南芥中有 85% 的 *NAC* 基因 N 端结合区中含有与这两个氨基酸相匹配的位点,这表明大部分 NAC 蛋白之间可以借助精氨酸与谷氨酸形成盐桥,进而形成同源或异源二聚体。此外,水稻逆境响应 NAC 蛋白 SNAC1 的 NAC 区结构也被报道,与拟南芥 ANAC019 的 NAC 区结构非常相似。NAC 蛋白的 C 端区具有高度多样性,是可变区,该区的共同特点是一些简单氨基酸(如苏氨酸、脯氨酸、丝氨酸和谷氨酸等)高频重复出现。虽然 NAC 转录因子的 C 端区保守性很低,但通过对不同 NAC 蛋白的 C 端区进行比较,仍能找到 13 个相对保守的基因序列,并且同一亚组的 NAC 蛋白所含基因序列相同,这表明同一亚组的 NAC 蛋白很可能功能也相近。可变的 C 端区能够形成功能区域,决定不同 NAC 蛋白具有不同的转录激活活性。同时,C 端区还能决定 NAC 蛋白是转录激活因子,还是转录抑制因子。

NAC 蛋白在植物的各种生物学过程中发挥着至关重要的作用,许多 NAC 家族成员被证实能够参与植物的逆境反应。拟南芥中 *ATAF*1 基因受霉菌诱导表达,*ataf*1—1 突变体对病菌的抗性减弱,说明 *ATAF*1 基因在病害防御方面可能有积极作用。拟南芥中过表达 *ATAF*2 植株对土源病菌高度敏感,表明 *ATAF*2 基因在植物病害生理中发挥负调控作用。非生物胁迫反应可以激活植物体内一系列的反应——从基因表达和细胞代谢的改变到植物生长发育和作物产量的改变，因此理解植物对盐和旱的耐受性的复杂机制对于提高农作物的产量非常重要。NAC 转录因子在旱胁迫下，通过与靶基因启动子中的 MYC－like 元件结合来激活其转录。MYC－like 元件存在于 *ERD*1 基因的启动子中，在干旱诱导反应应答过程中发挥重要作用。Trans 等以 *ERD*1 基因 63 bp 的启动子片段作为诱饵，利用酵母单杂交技术从拟南芥 cDNA 文库中筛选到 *ANAC*019、*ANAC*055 和 *ANAC*072 这 3 个基因，确定了完整的 NAC 识别序列（NACRS），其核心序列为 CATGTG，DNA 的核心结合位点为 CACG。研究显示 *ANAC*019、*ANAC*055 和 *ANAC*072 这 3 个基因可以被旱诱导表达，表达谱分析显示它们中的任何一个基因的过表达都会诱导大量逆境响应基因上调表达，进而提高植株的耐旱能力。番茄 *SlNAC*1 基因可以被冷、热、高盐、渗透刺激诱导表达，过表达 *SlNAC*1 的株系通过提高过氧化物歧化酶、过氧化氢酶活性和保持较高的光化学效率等机制来提高植株对寒冷的耐受性。转 *Os*01*g*66120/*OsNAC*2/6 和 *Os*11*g*03300/*OsNAC*10 基因的水稻能够提高植物对旱和盐的耐受性，*TaSNAC*8－6A 与小麦幼苗的耐旱性有关。植物过表达 *GmNAC*085 基因显示旱耐受性提高，而 *GmNAC*11 的过表达提高了植物对盐和旱的敏感性。*DgNAC*1、*TaNAC*2*a* 和 *EcNAC*1 在转基因烟草中可以被盐和旱强烈诱导表达。ABA 在调节植物适应逆境过程中充当重要角色，该激素能够刺激植物根生长，增强根系从土壤中吸水的能力。研究表明，同一转录因子可能在不同的信号途径中发挥作用，许多 *NAC* 基因通过参与 ABA 所介导的非生物胁迫反应来提高植物的抗逆能力。*OsNAC*5/*ONAC*009/*ONAC*071 和 *OsNAC*6 可以同时被 ABA、高盐和旱等非生物胁迫所诱导。拟南芥 NAC 转录因子 RD26 可以被 ABA、盐和旱诱导上调表达，并且转基因植株对 ABA 高度敏感，微阵列结果显示 RD26 过表达株系中 ABA 和逆境响应基因上调表达，而抑制表达株系中 ABA 和逆境响应基因下调表达，说明 *RD*26 基因参与 ABA 介导的非生物胁迫反应。此外，玉米中的 *ZmSNAC*1 基因可以同时响应多种环境刺激，如低温、高盐、旱胁迫和 ABA 处理等。由此可见，同一 *NAC* 基因可以作为不同生物学过程的调节因子，在不同的信号途径中交叉发挥作用。

1.2　植物转录因子功能的研究方法

1.2.1　酵母双杂交系统

生物体中蛋白质间的互作是生命活动的基础，几乎所有的生命活动都依托于蛋白质之间的复杂相互作用来完成。酵母双杂交系统是在真核细胞体内研究蛋白与蛋白互作的一种有效的分子生物学方法，其基本原理是利用酵母中的 GAL4 转录因子有两个可拆分的结构域，一个是位于 N 端的 DNA 结合域（Binding Domain，BD），一个是位于 C 端的转录激活域（Activity Domain，AD），当这两个结构域分开时，各自保留原有的功能，DNA 结合域单独存在时能结合 DNA 但无法激活转录，转录激活域单独存在时具有转录激活功能，但因无法结合到DNA的正确位置上，也不能激活转录，只有当这两个结构域以某种方式在空间上足够靠近(如通过其他蛋白的结合缩小二者距离)时，才能发挥转录激活活性。酵母双杂交系统需要构建两种载体，一种含有BD(pGBKT7)，一种含有AD(pGADT7－Rec)，将bait与BD融合，prey与AD融合，当bait与prey发生互作时，BD和AD能相互靠近，进而恢复GAL4的转录激活活性，激活报告基因(*AUR*1－*C*、*ADE*2、*HIS*3和*MEL*1)的表达。酵母双杂交系统可以用来鉴定与已知蛋白发生互作的蛋白，证实假定的互作蛋白，分析互作区域，确定转录激活区域等。酵母双杂交系统研究蛋白质间互作的优点：首先是便捷，仅需要构建载体，不必利用生化的方法准备抗体或纯化蛋白；其次是真实，互作是在体内发现的，与天然状态下的发生条件一致，能够在一定程度上真实反映蛋白质间的相互作用；最后是灵敏，因为GAL1－lacZ的转录背景可以忽略不计，所以即使有较低水平的重组GAL4存在也可以检测到信号，因此利用酵母双杂交有可能发现仅在细胞周期的某一时刻发生的瞬时互作。但是，酵母双杂交也存在一些不足，如相互作用必须在酵母中进行，许多外源目标蛋白在酵母中表达天然活性已经发生变化；此外，该技术存在由各种原因造成的假阳性，例如一些受试蛋白本身可能激活了报告基因的转录或在酵母双杂交系统中相互作用的蛋白在其天然环境中处于不同的细胞器，并不发生相互作用。

1.2.2 酵母单杂交系统

酵母单杂交系统是从酵母双杂交系统发展而来的，是用于鉴定蛋白质和DNA互作的一种有效的方法。和酵母双杂交系统一样，酵母单杂交系统基于酵母转录因子GAL4可分为具有独立功能的转录激活域(AD)和DNA结合域(BD)。DNA结合域能够激活酵母半乳糖苷酶的上游激活位点，转录激活域可以作用于RNA聚合酶，提高RNA聚合酶的活性。酵母单杂交技术用目的蛋白代替GAL4的DNA结合域与GAL4的转录激活域相融合，如果目的蛋白能够识别目的基因并与之结合，GAL4的转录激活域就有机会激活RNA聚合酶，从而启动报告基因的转录。酵母单杂交系统包括两个组件：一个是将cD-NA文库与GAL4的转录激活域融合表达的文库载体；另一个是将目的基因的启动子序列或元件串联重复克隆到报告基因的上游形成报告载体。酵母单杂交系统的用途：鉴定能够与已知顺式作用元件相结合的未知蛋白；分析能够与目的顺式作用元件互作的蛋白的结合结构域；确定目的蛋白能够识别的核苷酸片段的核心序列。

1.2.3 瞬时表达试验

瞬时表达试验可用于分析转录因子的DNA结合特性和转录调控特性(包括激活和抑制)。用于研究植物转录因子具有转录激活活性的瞬间表达方法：首先构建两种植物表达载体，一种是效应载体，利用组成型强启动子(如CaMV35S启动子)驱动待研究的转录因子使其过表达；另一种是报告载体，将含有某一特定顺式作用元件的启动子和报告基因融合，报告基因可以是β－半乳糖苷酸酶(GUS)或荧光素酶(LUC)。利用基因枪、农杆菌介导和聚乙二醇(PGE)处理等方法将效应载体和报告载体共转化到植物细胞中，在转化完成几天后可观察到报告基因的表达。大量表达的转录因子将与报告载体启动子中的顺式作用元件结合，激活报告基因表达，通过检测报告基因的表达变化情况判断转录因子对目标启动子的识别情况。为了说明转录因子对目标启动子中元件识别的特异性，通常同时设置对照，对元件进行缺失或突变后研究报告基因的表达情况。用于研究植物转录因子具有转录抑制活性的瞬间表达方法：首先构建效应载体和报告载体，效应载体同上，报告载体有所不同，即报告载体须含有一个 35S 启动子和能够被转录因子识别的顺式作用元件及报告基因，将效应载体和报告载体共转化到植物细胞中后，检测报告基因的表达，当报告基因的表达量降低时，说明转录因子具有抑制活性。

1.2.4　染色质免疫共沉淀

染色质免疫共沉淀（Chromatin Immunoprecipitation，ChIP）技术是一种在体内研究转录因子和其靶基因启动子互作的方法。操作步骤大致分为固定、免疫沉淀和检测三步。第一步，固定，即在活细胞状态下把细胞内的 DNA 和蛋白质交联在一起，通过超声或酶处理将染色质随机切断为一定长度范围内的小片段；第二步，免疫沉淀，即利用抗原抗体的特异性识别作用，沉淀与目的蛋白结合的 DNA 片段以实现 DNA 片段的富集，对沉淀下来的 DNA 片段进行纯化；第三步，检测，即利用下游检测技术（PCR、实时定量 PCR 或测序）检测富集片段的 DNA 序列。ChIP 技术作为染色质水平研究基因表达调控的一种有效方法，可以直接检测体内转录因子与 DNA 互作的动态变化，确定其结合位点信息，进而确定转录因子的下游靶基因。此外，ChIP 技术与其他方法相结合，扩大了其应用范围：ChIP 技术与 DNA 芯片相结合，可用于高通量筛选已知蛋白的 DNA 结合位点，深入研究 DNA 与蛋白质相互作用的调控网络；ChIP 与体内足迹法相结合，用于寻找反式因子的体内结合位点；RNA－ChIP 用于研究 RNA 在基因表达调控中的作用。近年来，ChIP 技术经过不断发展和完善，被广泛应用于体内转录调控因子与特定染色质序列之间相互作用等方面的研究，并逐渐成为染色质水平基因表达调控研究的重要方法。

1.2.5　cDNA 微阵列

cDNA 微阵列技术（DNA microarray）也称为寡核苷酸微阵列技术，其基本原理是基于 Southern 杂交或斑点杂交技术，将成千上万个 DNA 样品或寡核苷酸，以预先设计的方式密集地排列在玻片、硅片、塑料和尼龙膜等固相载体上，用荧光或其他标记的 mRNA、cDNA 或基因组 DNA 探针进行杂交，然后利用特定的芯片扫描仪（如激光共聚焦扫描芯片和电荷耦合器件（CCD）芯片扫描仪）获取杂交后的信号，最后利用计算机软件分析处理获得信息。cDNA 微阵列技术的特点在于高通量、高效、快速，其最初主要应用于医学领域，随着此技术的逐步完善和植物分子生物学领域的不断发展，科学家开始在植物分子生物学的研究领域广泛应用 cDNA 微阵列技术：①微阵列技术可用于研究植物的分子调控网络，Zik 等在 2003 年利用 cDNA 微阵列技术对 AP3 和 PI 的下游基因进行了分析，结果表明，仅有少数基因可以被 AP3 和 PI 所调控；②cDNA 微阵列技术可用于研究植物的差异表达基因，应用该技术可以分析同一个体不同生长发育阶段、不同组织、不同胁迫处理条件下的基因表达差异，还可以分析不同个体和物种之间基因的表达差异，通过对cDNA微阵列结果的分析比较，能找到决定植物耐盐、耐旱、抗虫和抗病等重要性状基因；③cDNA微阵列技术可用于检测植物基因组的突变和多态性。Mahalingam等使用cDNA微阵列技术筛选来自多个转座子品系的DNA文库，同时寻找多个基因的插入突变。Jaccoud等成功地使用cDNA微阵列技术来分析DNA的多态性。

1.3 研究的目的和意义

植物在应答非生物胁迫反应过程中，存在一种重要的调控形式，即转录调控，而转录因子在整个转录调控过程中发挥着非常重要的作用。由于转录因子可以调控多个与同类性状有关的基因的表达，因此在植物抗性分子育种过程中，与导入一个或多个功能基因相比，通过增强一些关键的调节因子的作用来促进这些抗逆基因发挥作用，可以使植物的抗逆性得到综合的、根本性的改良。NAC蛋白作为植物中所特有的一类转录因子，在植物侧根形成、激素信号传导、防御反应、非生物胁迫反应中均发挥重要作用。但到目前为止，只对少部分植物NAC家族成员进行了研究，许多NAC蛋白抗旱、耐盐的分子机理以及抗逆调控网络尚不明确。因此，有必要对其进行更为深入的研究。

本研究从拟南芥cDNA中克隆得到*ANAC069*基因，通过转基因获得过表达株系，用双引物法筛选出纯合突变体株系，在过表达株系、突变体株系和野生型株系中研究*ANAC069*在盐、旱等逆境反应中以及ABA处理条件下所充当的角色；从基因组DNA中克隆*ANAC069*的启动子，通过启动子与*GUS*基因融合转入拟南芥研究基因的时空表达；利用酵母单杂交钓取*ANAC069*的上游调控因子ATDOF5.8，通过瞬时表达试验和染色质免疫共沉淀技术进一步证实ATDOF5.8与*ANAC069*基因启动子的互作。酵母单杂交和瞬时表达试验证明了ANAC069能够识别核心结合序列为“CACG”的NACRS序列。另外，用cDNA微阵列比较过表达株系和突变体株系在盐胁迫下的表达差异，找到ANAC069可能作用的下游靶基因，并对下游靶基因启动子中的顺式作用元件进行分析，利用酵母双杂交和瞬时转化试验证实ANAC069对新的顺式元件NRS的识别。最终建立了ANAC069所参与的逆境调控网络模型。

第2章　拟南芥 *ANAC*069 基因的组织特异性表达和亚细胞定位

2.1　试验材料

2.1.1　植物材料

拟南芥种子播种于1/2 MS培养基上，一周后移到灭菌的土（m(营养土)∶m(珍珠岩)∶m(蛭石)=1∶1∶1)中，温室的相对湿度为65%～75%，光强为100 $\mu mol \cdot m^{-2} \cdot s^{-1}$，温度为22 ℃，光周期为16 h光照/8 h黑暗。

2.1.2　菌种与载体

大肠杆菌 Top10、EHA105 农杆菌、sGFP 载体、pROKⅡ载体、pAcGFP 载体和pCAMBIA1301 载体，均为东北林业大学林木遗传育种国家重点实验室保存。

2.1.3　主要试剂

限制性内切酶 *Sma* Ⅰ、*Bam*H Ⅰ、*Nco* Ⅰ以及 T4 DNA Ligase、*DNase* Ⅰ等，购自Promega公司；LA *Taq*、Ex *Taq*、DL2000 DNA Marker、反转录试剂盒和 pMD18－T Vector 试剂盒，均购自宝生物工程有限公司；实时定量 RT－PCR 试剂盒（全式金）；质粒提取试剂盒、胶回收试剂盒和 PCR 产物纯化试剂盒（OMEGA）；Trizol reagent（Invitrogen）；琼脂糖（Bioweat）；卡那霉素（Sigma）；焦碳酸二乙酯（DEPC）、水、钨粉、亚精胺、乙酰丁香酮、利福平和 MS 粉，均购自哈尔滨伊事达生物工程有限责任公司。

2.1.4　溶液配制

(1)3 mol/L NaAc。24.6 g NaAc 加 80 mL 去离子水待完全溶解后，用盐酸调整 pH 至 5.2，定容至 100 mL，100 μL DEPC 水 37 ℃过夜处理，121 ℃灭菌 20 min。

(2)DNA 提取液。质量浓度为 2%的十六烷基三甲基溴化铵（CTAB），1.4 mol/L NaCl，20 mmol/L Na_2EDTA(pH 8.0)，1 mol/L Tris－HCl(pH 8.0)。

(3) GUS 染液。200 mmol/L 磷酸钠缓冲液（pH 7.0）50 mL，100 mmol/L Na_2EDTA 溶液(pH 8.0)10 mL，5 mmol/L $K_3Fe(CN)_6$ 10 mL，5 mmol/L $K_4Fe(CN)_6$ 10 mL，Triton X－100 100 μL，X－Gluc 60 mg，加水至 100 mL。

(4)脱色液。V(无水乙醇)∶V(冰乙酸)=3∶1。

2.2　试验方法

2.2.1　拟南芥基因组 DNA 的提取

(1)取 600 μL DNA 提取缓冲液于 1.5 mL 离心管中,65 ℃水浴预热;

(2)液氮研磨拟南芥至粉末发白,加入 65 ℃预热的 DNA 提取缓冲液中,混匀,65 ℃水浴 15 min,其间轻轻颠倒几次;

(3)水浴结束后冷却至室温,12 000 r/min 离心 5 min,上清转移到新管中,加 300 μL Tris 饱和酚、300 μL 氯仿,振荡混匀 2 min,4 ℃、12 000 r/min 离心 5 min;

(4)将上清转移到新管中,加 600 μL 氯仿,振荡混匀 2 min,4 ℃、12 000 r/min 离心 5 min;

(5)重复步骤(4);

(6)将上清转移到新管中,加 1/10 体积 3 mol/L NaAc 和 4 倍体积无水乙醇,轻轻颠倒离心管几次后,置于−80 ℃醇沉 10 min,4 ℃、12 000 r/min 离心 10 min;

(7)倒掉上清,离心数秒,吸除残留的乙醇,开盖放至乙醇晾干,加入 50 μL 0.1×TE 溶解沉淀,4 管并 1 管,体积成 200 μL;

(8)每管加入 5 μL *RNa*se(1 U/ μL),37 ℃保温 15 min;

(9)加入等体积氯仿,振荡 2 min,4 ℃、12 000 r/min 离心 5 min;

(10)每管加入上清 4 倍体积无水乙醇和上清 1/10 体积的 3 mol/L NaAc,置于−80 ℃醇沉 10 min,4 ℃、12 000 r/min 离心 10 min;

(11)倒掉上清,75%(体积分数,下同)乙醇洗涤沉淀一次,弃掉乙醇,室温气干后加入 50 μL 0.1×TE 溶解沉淀,0.8%(质量浓度,下同)琼脂糖凝胶电泳检测 DNA 质量,紫外分光光度计测定 DNA 纯度和浓度,−20 ℃保存备用。

2.2.2　GUS 染色分析 *ANAC069* 基因的表达

用 *ANAC*069 基因的启动子定向替换 pCAMBIA1301 载体中用于驱动 *GUS* 基因的 CaMV 35S 启动子,融合示意图如图 2.1 所示。

图 2.1　*ANAC*069 基因启动子与 *GUS* 基因融合示意图

1. *ANAC069* 基因启动子片段的扩增

从 Tair 网上获得 *ANAC*069 基因的启动子序列,设计分别带有 *Bam*H Ⅰ 和 *Nco* Ⅰ 酶切位点的上游引物 *ANAC*069−pro−F 和下游引物 *ANAC*069−pro−R(表 2.1),以拟南

芥 DNA 为模板，扩增带酶切位点的 *ANAC*069 基因 784 bp 的启动子片段。

反应体系：

10×LA PCR Buffer Ⅱ (Mg^{2+} Plus)	2.0 μL
dNTPs(10 mmol/L)	0.4 μL
*ANAC*069－pro－F (10 μmol/L)	1.0 μL
*ANAC*069－pro－R (10 μmol/L)	1.0 μL
拟南芥基因组 DNA	1.0 μL
LA *Taq*(5 U/ μL)	0.25 μL
超纯水补足体积至	20 μL

反应程序：94 ℃ 3 min；

94 ℃ 30 s
58 ℃ 30 s　}30 个循环
72 ℃ 60 s

72 ℃ 7 min

表 2.1　用于构建 *ANAC*069 基因启动子:GUS 表达载体的引物序列

引物名称	引物序列(5′－3′)
*ANAC*069－pro－F	5′－CAGT GGATCCAGTAATATTGGATTTTGTTTAG－3′
*ANAC*069－pro－R	5′－TCAG CCATGGTTTTTTTACACAGAAACAGATC－3′

注：__为引入的限制性内切酶 *Bam*HⅠ和 *Nco*Ⅰ的位点。

2. 目的片段及植物表达载体 pCAMBIA1301 的双酶切

将含有酶切位点的 *ANAC*069 基因启动子片段与植物表达载体 pCAMBIA1301 分别用 *Bam*HⅠ和 *Nco*Ⅰ进行双酶切。

反应体系：

*ANAC*069－pro/pCAMBIA1301	1.0 μg
10×Buffer E	2.0 μL
Acetylated BSA(10 μg/μL)	0.3 μL
*Bam*HⅠ (10 U/ μL)	1.0 μL
*Nco*Ⅰ (10 U/ μL)	1.0 μL
用 dd H_2O 补足体积至	20 μL

反应条件：37 ℃酶切过夜。

将启动子片段和 pCAMBIA1301 载体双酶切产物分别用胶回收试剂盒进行纯化，电泳检测，并测其浓度。

3. ANAC069 基因启动子片段与 pCAMBIA1301 载体的连接

反应体系：

*ANAC*069－pro	0.2 μg
pCAMBIA1301	0.2 μg
Ligase10× Buffer	1.0 μL
T4DNA Ligase (3 U/ μL)	1.0 μL
用 dd H_2O 补足体积至	10.0 μL

16 ℃温育 12～16 h，获得连接产物。

4. 连接产物转化至大肠杆菌

(1)大肠杆菌 Top10 感受态细胞制备。

①将单菌落接入 5 mL 不含抗生素的 LB 液体培养基中 37 ℃振荡培养过夜，次日按 1%(体积分数)的量转入新鲜的 50 mL LB 液体培养基中 37 ℃振荡培养至 OD_{600} 值为 0.4～0.5；

②将 50～100 mL 的培养液转入两个预冷的无菌离心管中，4 ℃下 3 000*g* 离心 10 min，去上清；

③离心管中各加入 10 mL 冰预冷的 0.1 mol/L 的 $CaCl_2$ 溶液重悬菌体，冰浴 30 min；

④4 ℃、3 000 *g* 离心 10 min；

⑤去上清液，将管倒置 5 min 以上，使残留的培养液流尽；

⑥将菌体悬浮于 2 mL 冰冷的 0.1 mol/L $CaCl_2$ 溶液中，重悬细胞即为感受态细胞；

⑦加入 600 μL 体积分数为 50%的无菌甘油混匀，分装于无菌 1.5 mL 离心管中，每管 50 μL，用液氮速冻后，置－80 ℃保存。

(2)用热激法将连接产物转化至大肠杆菌 Top10 感受态细胞。

①从－80 ℃冰箱中取大肠杆菌 Top10 感受态细胞 50 μL，冰上解冻；

②加入 5 μL 连接产物，轻柔吸打混匀，冰上静置 30 min；

③将离心管置于 42 ℃水浴中热激 60～90 s 后，快速转移到冰上冷却 2～3 min；

④加入 600 μL LB 液体培养基，混匀后振荡培养(37 ℃、150 r/min，45 min)；

⑤将上述菌液取 100～200 μL 涂布于卡那霉素质量浓度为 50 mg/L 的 LB 固体培养基上，37 ℃倒置培养过夜。

(3)阳性克隆的鉴定。

连接液转化至大肠杆菌，菌液 PCR 检测为阳性的克隆用于摇菌提取质粒，对重组质粒进行 PCR 检测，并送往上海生工生物工程技术有限公司(简称上海生工)测序。将获得的 *ANAC*069 基因启动子与 *GUS* 基因融合的植物表达载体命名为 pCAM－*ANAC*069－pro。

5. $CaCl_2$ 法制备农杆菌感受态细胞

(1)将农杆菌 EHA105 划线接种于含有 50 mg/L 利福平的 LB 固体培养基上，在 28 ℃温箱中倒置培养 2 天；

(2)挑取单克隆接种于含有 50 mg/L 利福平的 LB 液体培养基中，28 ℃、220 r/min 振荡培养至 OD_{600} 值达到 0.3～0.5；

(3)以 1/100 的稀释比例接种于含有 50 mg/L 利福平的 LB 液体培养基中，振荡培养 3 h左右，至 OD_{600} 值达到 0.4；

(4)吸取 1 mL 菌液置于离心管中，冰浴 30 min，4 ℃、6 000 r/min 离心 10 min，沉淀菌体；

(5)弃上清，加入 400 μL 冰上预冷的 0.1 mol/L $CaCl_2$ 重悬菌体，冰浴 30 min，4 ℃、6 000 r/min离心 10 min；

(6)弃上清，加入 50～100 μL 冰预冷的 0.1 mol/L $CaCl_2$ 重悬菌体，加入甘油至终质量分数为 40%，液氮速冻，−80 ℃保存。

6. GHA105 农杆菌的电击转化

(1)电击杯冰上预冷。从 −80 ℃冰箱取出 GHA105 农杆菌，冰上融化，将 100 ng pCAM−*ANAC*069−pro 重组质粒加入 100 μL GHA105 农杆菌感受态细胞中，混匀后转入电击杯中；

(2)电击转化。1 800 V 电压电击后迅速取出电击杯，加入 500 μL LB 液体培养基，迅速吸打混匀；

(3)摇菌复苏。转移电击杯中的培养基至 1.5 mL 无菌离心管中，28 ℃、220 r/min 振荡培养 1 h，复苏菌体；

(4)涂平板。取适量菌体(100～200 μL)涂布于含利福平(50 mg/L)和卡那霉素(50 mg/L)的 LB 固体培养基上，28 ℃倒置培养 48 h；

(5)鉴定阳性克隆。挑取筛选平板上的单克隆于 LB 液体培养基中扩繁培养，以 *ANAC*069−pro−F 和 *ANAC*069−pro−R 为引物进行农杆菌菌液 PCR，反应体系及 PCR 扩增条件参照 2.2.2，PCR 产物用 1%琼脂糖凝胶电泳检测，PCR 结果为阳性的菌液可以用于后续试验。

7. 拟南芥的遗传转化和转化子的筛选

(1)拟南芥的培养。

将野生型拟南芥种子置于 4 ℃冰箱中春化一周，转入灭菌的 2 mL 离心管中，加入 75%的无水乙醇消毒 2 min，静置，待种子沉淀，弃乙醇，加入 1 mL 10%(体积分数，下同)的 NaClO 消毒 10 min，其间不断摇晃。用无菌水清洗 8～10 次，将消毒后的种子均匀播种于 1/2 MS 培养基上，在(22±2)℃、光照强度为 100 $\mu mol \cdot m^{-2} \cdot s^{-1}$、光照周期为16 h 光照/8 h 黑暗的人工气候室中培养；一周后将拟南芥幼苗移栽到灭菌土(m(营养土)：m(蛭石)：m(珍珠岩)=1：1：1)中，先置于光照周期为 8 h 光照/16 h 黑暗的气候室中壮苗，一周后转移到光照周期为 16 h 光照/8 h 黑暗的气候室中培养。待拟南芥首次抽薹后，剪去初生薹以促进次生薹生长。当次生薹长至 6～9 cm 时可用于遗传转化。

(2)拟南芥的遗传转化。

挑取活化的EHA105农杆菌(pCAM－*ANAC*069－pro)单菌落于20 mL含卡那霉素(50 mg/L)和利福平(50 mg/L)的LB液体培养基中，28 ℃、220 r/min振荡培养过夜；取500 μL菌液置于50 mL LB液体培养基中培养至OD_{600}值为0.6～0.8，3 000 r/min离心10 min，沉淀菌体，弃上清，配制侵染液(5%(质量浓度)Sugar＋100 μmol/L AS＋100 μL/L Triton X－100＋0.02%(质量浓度) Silwet L－77＋2 ng/L 6－BA＋沉淀后的菌体)，补充去离子水使农杆菌的OD_{600}值为0.8。

将拟南芥地上部分浸泡在侵染液中10 s，其间慢慢晃动，取出后室温放置15 min，再侵染一次。将侵染过的植株置于塑料箱中，用保鲜膜罩住保湿，2天后用水喷雾将转化植株彻底清洗干净。缓苗一周后，再侵染一次。3～4周后拟南芥的部分角果开始出现枯黄后，将成熟的角果剪下，置于含有变性硅胶的离心管中干燥，待大部分角果变枯黄后即可将全部种子收集于1.5 mL离心管中，4 ℃春化。

(3)转化拟南芥植株的筛选。

将收获的拟南芥种子用10%的NaClO消毒10 min后，用无菌水清洗8～10次，播种于含潮霉素(终质量浓度为20 mg/L)的1/2 MS筛选培养基上。2周左右，阳性转基因苗能够在筛选培养基上正常生长，长出真叶；阴性转基因苗则不能正常生长。筛选出的阳性转基因苗为T1代，T2、T3代筛选方法同上。

8. *ANAC069*基因启动子的组织特异性表达和诱导表达

为了研究*ANAC*069基因在不同生长时期和不同组织中的表达情况，分别选取5天和5周大小的T3代转基因拟南芥，对其进行GUS染色，37 ℃温育过夜，第二天早上将植株置于脱色液(V(无水乙醇)∶V(冰乙酸)＝3∶1)中脱色3 h，脱色后的植株保存于70%的乙醇中，用于照相观察。为了研究*ANAC*069基因能否受ABA和甘露醇诱导表达，分别用10 μmol/L ABA和200 mmol/L甘露醇处理4天大小的转基因幼苗24 h，然后进行GUS染色。

2.2.3　实时定量PCR分析*ANAC069*基因的表达模式

1. Trizol法提取拟南芥总RNA

(1)研钵遇冷直至结霜，加入材料，待液氮挥发后迅速研磨，重复加液氮5次左右直至样品变白；

(2)将研磨好的样品快速放到装有1 mL Trizol的离心管中，振荡3 min；

(3)加入氯仿200 μL，振荡5 min，冰置3～5 min，4 ℃、12 000 r/min离心15 min；

(4)取上清，加入等体积氯仿(约600 μL)，充分振荡3～5 min，冰置3 min，4 ℃、12 000 r/min离心10 min；

(5)取上清，加入0.8倍体积的异丙醇，颠倒混匀数次，冰置10 min，4 ℃、12 000 r/min离心10 min；

(6)倒掉异丙醇，短暂离心后吸弃残液；

(7)加200 μL DEPC水，轻弹至沉淀溶解；

(8)加入 200 μL 氯仿抽提,振荡 5 min,4 ℃、12 000 r/min 离心 5 min;

(9)重复步骤(8);

(10)取上清,加入 4 倍体积的无水乙醇,再加入 1/10 体积的 3 mol/L NaAc,颠倒混匀,置于−80 ℃ 20 min 沉淀 RNA,4 ℃、12 000 r/min 离心 15 min;

(11)弃上清,沉淀中加入 40 μL DEPC 水,电泳检测;

(12)RNA 的纯化。取上述获得的 40 μL RNA,加入 *DNase* Buffer 5 μL,*DNase* (1 U/ μL)5 μL,获得 50 μL 体系,于 37 ℃孵育 30 min;

(13)将上述 50 μL 体系补充 DEPC 水至 250 μL,加入等体积氯仿抽提一次;

(14)取上清,加入 4 倍体积的无水乙醇,再加入 1/10 体积的 3 mol/L NaAc,颠倒混匀,置于−80 ℃ 20 min 沉淀 RNA,4 ℃、12 000 r/min 离心 15 min;

(15)弃上清,沉淀用 75%的乙醇洗一次,待乙醇挥发尽后加入 20 μL DEPC 水溶解沉淀;

(16)0.8% 琼脂糖凝胶电泳,检测 RNA 质量,用紫外分光光度计检测 RNA 纯度。

2. 总 RNA 的反转录

反转录反应体系:

5×PrimeScript Buffer	2.0 μL
PrimeScript RT Enzyme Mix 1(40 U/ μL)	0.5 μL
Oligo d(T) Primer(50 μmol/L)	0.5 μL
RNA 样品	500 ng
超纯水(RNase−Free)补足体积至	10 μL

反应程序:37 ℃ 15 min,85 ℃ 5 s。

将反转录产物稀释 10 倍,用作定量 PCR 模板。

3. 实时定量 PCR

分别以等量野生型拟南芥根、茎、莲座叶、茎生叶、花序、成熟荚果、幼根和幼叶的 cDNA 为模板,进行实时定量 PCR 扩增,检测拟南芥 *ANAC*069 基因的表达情况,并用 *ACT*7(*AT*5*G*09810)和 *TUB*2(*AT*5*G*62690)基因表达量的平均值作为内参(所有样品都进行 3 次独立的生物学重复)。引物序列见表 2.2,用−ΔCt 方法进行基因的相对表达量分析。

实时定量 PCR 反应体系:

2× SYBRGreen Realtime PCR Master mix	12.5 μL
*ANAC*069−RT−F(10 μmol/L)	0.5 μL
*ANAC*069−RT−R(10 μmol/L)	0.5 μL
cDNA 模板	2.0 μL

超纯水补足总体积至　　25 μL

实时定量 PCR 反应程序：94 ℃预变性 30 s；94 ℃ 12 s，58 ℃ 30 s，72 ℃ 40 s，80 ℃读板 1 s，45 个循环。

表 2.2　实时定量 PCR 引物序列

引物名称	序列(5′－3′)
*ANAC*069－RT－F	5′－CGATCACAGGCCAAAGAAGGC－3′
*ANAC*069－RT－R	5′－GTTGAGATTGCCGGGTGCTAC－3′
*ATDOF*5.8－RT－F	5′－GTCGCCGTTACTGGACTCATG－3′
*ATDOF*5.8－RT－R	5′－CCTTCGCCGTCGTGATACC－3′
ACT7－F	5′－CCAGCCATCGCTCATCGGAATG－3′
ACT7－R	5′－CAGACACTGTATTTTCTCTCTG－3′
TUB2－F	5′－GCCAATCCGGTGCTGGTAACA－3′
TUB2－R	5′－CATACCAGATCCAGTTCCTCCTCCC－3′

2.2.4　*ANAC069* 基因的亚细胞定位

1. 荧光定位表达载体(pROKⅡ－*ANAC069*－GFP)的构建

(1)扩增 *ANAC*069 基因片段。

在保守区内设计上游带有 pROKⅡ同源序列、下游不含终止子的引物(表 2.3)，以拟南芥 cDNA 为模板，扩增 *ANAC*069 基因片段。

表 2.3　荧光定位表达载体(pROKⅡ－*ANAC069*－*GFP*)构建所用引物序列

引物名称	引物序列(5′－3′)
pROKⅡ－*ANAC*069－*GFP*－F	5′－CTCTAGAGGATCCCCATGGTGAAAGATCTGGTTGG－3′
pROKⅡ－*ANAC*069－*GFP*－R	5′－TCTCTCGCGATCAAACTTC－3′
TY－*GFP*－R	5′－CGGGGAAATTCGAGCTCGGTACCCTCACTTGTACAGCTCATCCATG－3′

注：__为引入的 pROKⅡ质粒线性化末端的同源互补序列。

反应体系：

10×LA PCR Buffer(Mg^{2+} Plus)　　2.0 μL

DNTPs(10 mmol/L)　　0.4 μL

pROKⅡ－*ANAC*069－GFP－F(10 μmol/L)　　1.0 μL

pROKⅡ－*ANAC*069－GFP－R(10 μmol/L)　　1.0 μL

拟南芥 cDNA	1.0 μL
LA *Taq*(5 U/ μL)	0.25 μL
超纯水补足体积至	20 μL

反应程序：94 ℃ 3 min；

94 ℃ 30 s
58 ℃ 30 s　30 个循环；
72 ℃ 90 s

72 ℃ 7 min。

(2)pAcGFP T 载体的制备。

① pAcGFP 质粒用 *Sma* Ⅰ进行单酶切使其线性化。

反应体系：

10× Buffer J	2.0 μL
Acetylated BSA(10 μg/μL)	0.2 μL
Sma Ⅰ(10 U/ μL)	1.0 μL
pAcGFP	1.0 μg
超纯水补足体积至	20 μL

反应条件:25 ℃温育 3 h。

以未酶切的 pAcGFP 质粒作为对照,电泳检测酶切产物,若切开用 PCR 产物纯化试剂盒进行纯化。

② pAcGFP 加“T”。

对上述纯化产物加“T”,制备 pAcGFP－T 载体。

反应体系：

10× PCR Buffer	2.0 μL
dTTP(10 mmol/L)	1.0 μL
pAcGFP(单酶切线性化)	10 μL
LA *Taq*(5 U/ μL)	0.5 μL
超纯水补足体积至	20 μL

反应条件:72 ℃ 30 min。

(3)*ANAC*069 基因片段与 pAcGFP－T 载体相连接。

反应体系：

Solution Ⅰ	5.0 μL

pAcGFP－T 载体	2.0 μL
*ANAC*069 基因	3.0 μL
总体积	10 μL

反应条件:16 ℃过夜。

(4)扩增 *ANAC*069－*GFP* 融合片段。

以连接液为模板,用 *ANAC*069 基因的上游引物 pROKⅡ－*ANAC*069－GFP－F 和 *GFP* 基因的下游引物 TY－*GFP*－R(引物序列见表 2.3),扩增 *ANAC*069－*GFP* 融合片段,两端分别引入 pROKⅡ载体上的同源序列。

反应体系:

10×Ex *Taq* PCR Buffer	2.0 μL
DNTPs (10 mmol/L)	0.4 μL
pROKⅡ－*ANAC*069－*GFP*－F (10 μmol/L)	1 μL
TY－*GFP*－R (10 μmol/L)	1 μL
*ANAC*069－*GFP* 连接液	1 μL
Ex *Taq*(5 U/ μL)	0.25 μL
超纯水补足体积至	20 μL

反应程序：94 ℃预变性 2 min;30 个循环;94 ℃变性 30 s,58 ℃退火 30 s,72 ℃ 2 min;72 ℃延伸 7 min。

(5)pROKⅡ载体的 *Sma* Ⅰ 酶切。

① 将 pROKⅡ质粒用 *Sma* Ⅰ 酶切。

反应体系:

10× Buffer J	2.0 μL
Acetylated BSA(10 μg/μL)	0.2 μL
Sma Ⅰ (10 U/μL)	1.0 μL
pROKⅡ	1.0 μg
超纯水补足体积至	20 μL

反应条件:25 ℃温育 4 h。

电泳检测酶切是否成功,若成功,将酶切产物用胶回收试剂盒回收纯化,电泳检测回收产物,测浓度。

②*ANAC*069－*GFP* 融合片段与 pROKⅡ载体连接。

反应体系:

5×infusionHD Enzyme	1.0 μL
pROKⅡ(*Sma* Ⅰ单切线化)	0.5 μg
*ANAC*069－*GFP*(含同源互补序列)	0.4 μg
超纯水补至	5.0 μL

反应条件:37 ℃,15～20 min;50 ℃,15 min,冰置或－20 ℃保存备用。连接产物命名为 pROKⅡ－*ANAC*069－*GFP*。

(6)连接产物(pROKⅡ－*ANAC*069－*GFP*)转化至大肠杆菌。

转化方法同 2.2.2。挑取筛选平板上的单克隆摇菌,以 pROKⅡ－*ANAC*069－*GFP*－F 和 TY－*GFP*－R 为引物进行菌液 PCR 和质粒 PCR 检测,产物于 1%琼脂糖凝胶电泳,将阳性菌液送至上海生工测序。

2. 基因枪法瞬时转化

(1)试验前消毒处理。

用 70%乙醇对基因枪表面及样品室进行消毒;70%乙醇将载体膜支架、终止屏浸泡 15 min消毒;70%乙醇浸一下载体膜晾干。

(2)微载体洗涤。

① 称取 30 mg 微载体,放入 1.5 mL 的灭菌进口离心管内;

② 加入 1 mL 70%乙醇,振荡 3 min,静置 10 min;

③ 12 000 r/min 离心 5 s,弃上清;

④ 向微载体沉淀中加入 1 mL 蒸馏水,振荡 1 min,静置 1 min;

⑤ 瞬时离心后弃上清,重复步骤④2 次;

⑥ 向微载体沉淀中加入 50%(体积分数)甘油 500 μL。

(3)外源 DNA 分子包埋微载体。

① 吸取上述 50 μL(3 mg)微载体加入 1.5 mL 的离心管内;

② 加入 5 μg DNA,50 μL 2.5 mol/L $CaCl_2$,20 μL 0.1 mol/L 亚精胺,持续振荡 5 min;

③ 静置 1 min,离心 3 s,弃上清;

④ 150 μL 70%乙醇重悬沉淀,离心,弃上清;

⑤ 150 μL 100%乙醇重悬沉淀,离心,弃上清;

⑥ 48 μL 100%乙醇重悬沉淀,充分振荡 2～3 s。

(4)基因枪法瞬时转化洋葱表皮。

吸取 6 μL 包埋得到的微载体均匀涂于载体膜中央直径约 1 cm 的范围内,待乙醇挥发干净,用于轰击。利用基因枪 PDS－1000(轰击的氦气压力为 1 300 psi,轰击距离为 6 cm),将载体膜上包埋 DNA 的微载体转化到洋葱表皮细胞中。将轰击后的材料置于 1/2 MS固体培养基上 22 ℃暗培养一天,激光共聚焦显微镜观察结果。

2.3 结果与分析

2.3.1 *ANAC069* 基因的组织特异性表达

1. *ANAC069* 启动子表达载体的获得

为了研究*ANAC*069的时空表达，从Tair网上获得*ANAC*069转录起始位点上游598 bp的启动子序列连同5′UTR区，共784 bp的启动子，以基因组DNA为模板进行克隆。将克隆得到的784 bp的*ANAC*069基因启动子定向替换表达载体pCAMBIA1301上的CaMV35S启动子，使其与*GUS*基因融合，得到重组载体pCAM－*ANAC*069－pro，用电击法转入农杆菌EHA105，菌液PCR(图2.2)和测序结果表明载体构建成功。

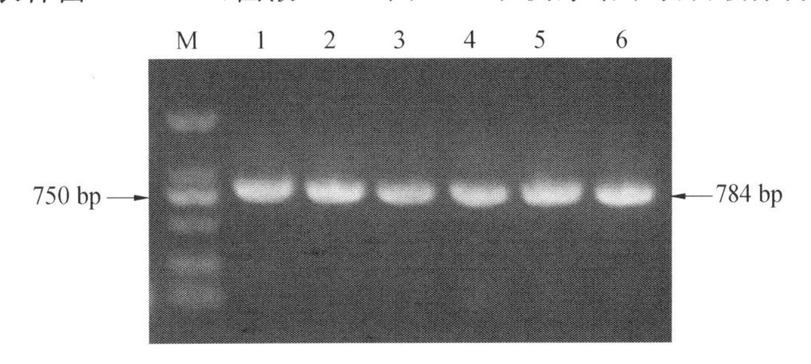

图2.2 含有重组质粒pCAM－*ANAC*069－pro的农杆菌菌液PCR

2. *ANAC069* 启动子的组织特异性表达

利用浸花法转基因，即用含重组质粒pCAM－*ANAC*069－pro的农杆菌侵染拟南芥的花序。T0代种子用含有潮霉素(终质量浓度为20 mg/L)的1/2MS培养基筛选阳性转化子。对T3代转基因拟南芥进行GUS染色，脱色后照相。5天大小的幼苗(拟南芥处于幼苗时期)染色结果如图2.3(n)所示，芽和叶柄处蓝色较深，说明*GUS*基因在芽和叶柄处有很高的表达；而叶片呈淡蓝色，说明叶片中的*GUS*基因表达量相对较低；根中蓝色更弱一些，说明根中*GUS*基因表达量很低；*GUS*基因在茎中几乎没有表达。在5周大小的植物中，拟南芥处于生殖期，如图2.3(a)～(m)所示，GUS活性几乎存在于所有组织中，其中莲座叶和茎生叶中表现出的GUS活性最高，其次是茎和成熟的荚果，而根和花器官中GUS活性相对较低。GUS染色分析表明*ANAC*069启动子不但具有表达活性，而且具有发育阶段特异性和组织特异性。

3. *ANAC069* 启动子的诱导表达

为了研究*ANAC*069对ABA和渗透刺激的响应，分别用10 μmol/L ABA和200 mmol/L甘露醇处理4天大小的转基因幼苗24 h，然后进行GUS染色。GUS染色结果如图2.4所示，与未处理的对照植物相比，ABA处理后*GUS*基因在根中的表达明显增强，而甘露醇处理后，*GUS*基因表达量在整株植物中都显著提高，而且正常条件下*ANAC*069不表达的茎中也观察到很强的GUS活性，这说明*ANAC*069可以被ABA和渗透刺激所诱导表达。ABA可以诱导*ANAC*069在根中特异性表达，渗透刺激可以诱导

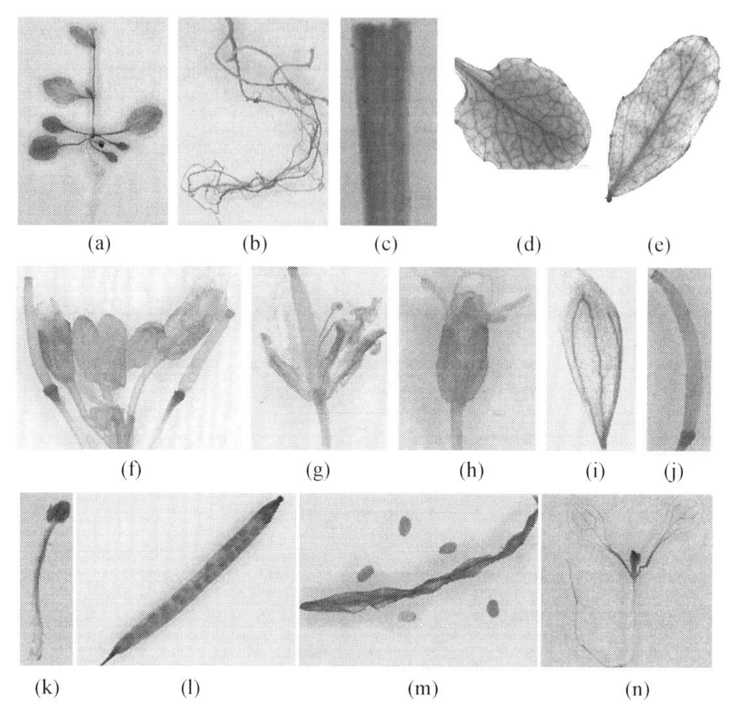

图2.3 转基因拟南芥GUS染色

(a)5周大小的T3代转基因拟南芥;(b)根;(c)茎;(d)莲座叶;(e)茎生叶;(f)花序;(g)(h)花;(i)萼片;(j)雌蕊;(k)雄蕊;(l)(m)成熟荚果;(n)5天大小的幼苗

*ANAC*069在整株植物中表达。

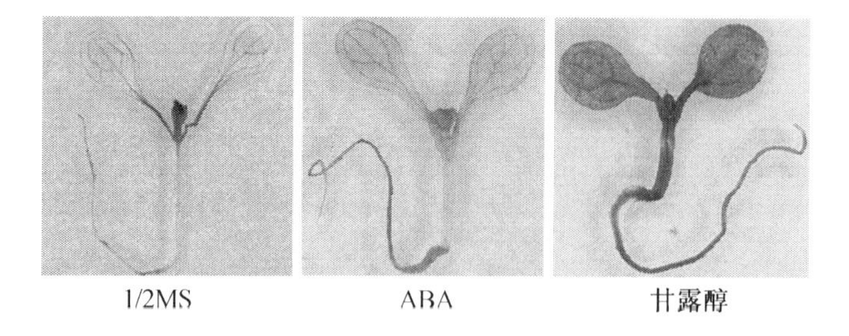

图2.4 *ANAC*069基因被ABA和甘露醇诱导表达

2.3.2 *ANAC*069的表达模式

为了进一步证实GUS染色结果,利用实时定量PCR研究拟南芥中*ANAC*069的表达模式,如图2.5所示。以5周大小的拟南芥根作为lg 2转化后的0标准计算*ANAC*069在其他组织中的相对表达量。与GUS染色结果一致,*ANAC*069在莲座叶和茎生叶中有很高的表达,然后是成熟的荚果和茎,较低的是幼叶、花序和幼根。*ANAC*069在拟南芥幼苗期根中的表达量低于生殖期根中的表达量,幼叶中*ANAC*069的相对表达量也显著低于生殖期叶(莲座叶或茎生叶)中的相对表达量。实时定量PCR结果进一步说明了*ANAC*069基因的表达具有组织和发育阶段特异性。

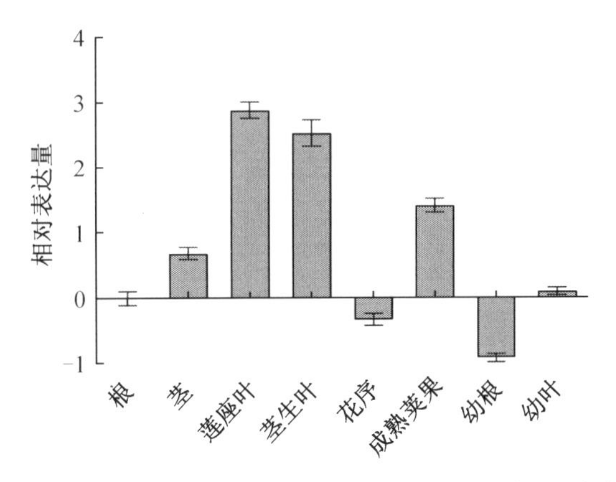

图 2.5　实时定量 PCR 分析 *ANAC*069 基因在不同组织中的表达

2.3.3　*ANAC*069 基因的亚细胞定位

1. 重组质粒 pROKⅡ－*ANAC*069－*GFP* 的获得

为了研究 *ANAC*069 的表达部位，将其开放读码框(ORF)去掉终止密码子后与 *GFP* 基因相融合，构建到过表达载体 pROKⅡ中，质粒 PCR 检测(图 2.6)和测序结果表明重组载体 pROKⅡ－*ANAC*069－*GFP* 构建成功，记作 CaMV35S－*ANAC*069－*GFP*。

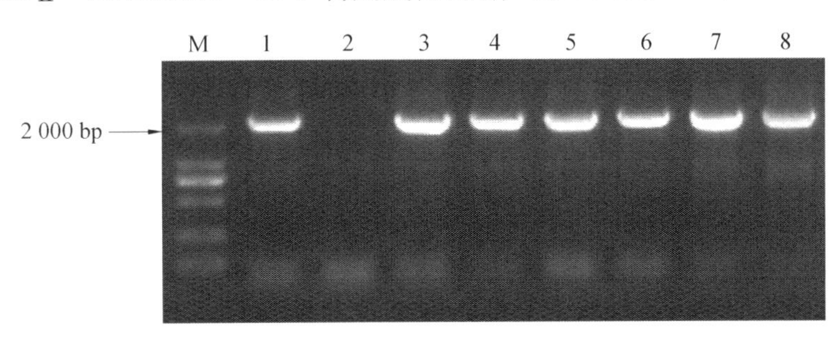

图 2.6　重组质粒(pROKⅡ－*ANAC*069－*GFP*)PCR

M. DL2000 DNA Marker；1～8. 重组质粒 pROKⅡ－*ANAC*069－*GFP* PCR 产物

2. *ANAC*069 的亚细胞定位结果

利用基因枪法将重组载体 pROKⅡ－*ANAC*069－*GFP* 瞬时转化到洋葱表皮细胞中，在激光共聚焦显微镜下观察 ANAC069 蛋白的亚细胞定位情况。用 CaMV35S－sGFP 质粒作为对照，结果如图 2.7 所示，GFP 蛋白在整个细胞中都有强烈的绿色荧光信号，而 ANAC069－GFP 融合蛋白只在细胞核中有荧光信号，说明 ANAC069 蛋白定位在细胞核。

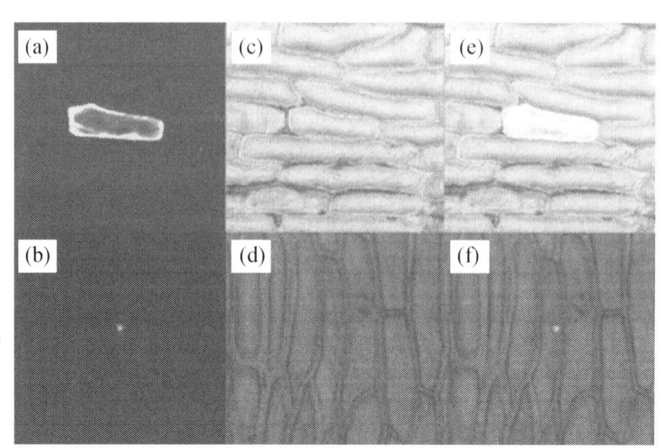

图2.7　拟南芥ANAC069蛋白的亚细胞定位
(a)和(b)为暗背景下sGFP和ANAC069-GFP的荧光图像；
(c)和(d)明视场下sGFP和ANAC069-GFP的荧光图像；
(e)和(f)暗背景和明视场叠加后GFP和ANAC069-GFP的荧光图像

2.4　本章讨论

2.4.1　启动子在植物基因工程研究中的重要作用

启动子是位于结构基因5′端上游的特异性DNA序列，能够被RNA聚合酶和反式作用因子识别并结合，从而起始基因的转录。根据基因表达特性的不同可以把启动子分为组成型启动子和特异型启动子两类。组成型启动子能够使基因在大多数细胞类型中表达，例如花椰菜花叶病毒(CaMV) 35S启动子、肌动蛋白(actin)和泛素(ubiquitin)启动子等。特异型启动子是基因表达能够对某些特定的物理或化学信号产生响应的启动子。以往的研究中使用较多的是组成型启动子，该类启动子驱动的基因在植物各个组织中均有表达，且表达持续恒定。组成型启动子在应用中逐渐暴露出一些问题，如外源基因产物在植物体内的大量积累可能对植物的正常生长发育产生不利影响，甚至发生毒害。为了使外源基因既能在植物体内高效率发挥作用，又不对植物产生副作用，人们开始把研究的热点投向对特异型启动子的研究。近年来，大量的特异型启动子已被克隆和功能分析，其中许多特异型启动子已被应用于植物基因工程中。

Kim等2011年的研究结果显示*ANAC069*是可以被盐诱导表达的，为了研究其他胁迫是否同样能诱导*ANAC069*的表达，本章分别用ABA和甘露醇处理5天大小的拟南芥转基因幼苗，结果发现ABA处理后，*GUS*基因在根中表达量显著增加；甘露醇处理后，*GUS*基因在整株植物中的表达量都显著增加(图2.4)，说明*ANAC069*可以被ABA和渗透刺激诱导表达。ABA可以诱导*ANAC069*在根中特异性表达，渗透刺激可以诱导*ANAC069*在整株植物中表达。

2.4.2 *ANAC*069 基因的亚细胞定位研究

绿色荧光蛋白(GFP)能够自我催化形成发色结构，在蓝光激发下可以发出绿色荧光，因此可以作为荧光标记分子。在对目的基因进行亚细胞定位时，可以将其与 *GFP* 基因融合，构建融合基因表达载体，表达融合蛋白，然后借助 GFP 蛋白发出绿色荧光的特征实现对目的基因的定位。GFP 蛋白能够在目的蛋白的 N 端或 C 端融合而不影响目的蛋白的天然特性，灵敏度高，对细胞无毒害，因此被广泛应用。但是，该法采用外源导入系统来实现定位，有时会受融合蛋白的影响，导致定位结果与蛋白质在体内的真实分布有差异；此外，融合蛋白表达强弱会对定位结果产生影响，尤其对质膜的定位影响较大。本研究将 *ANAC*069 基因与 *GFP* 基因融合后构建表达载体，利用基因枪法瞬时转化到洋葱表皮细胞中，结果显示，ANAC069 蛋白定位在细胞核上(图 2.7)，这与 Kim 等的研究结果不一致，他们的研究显示 *ANAC*069 基因是定位在质膜上的。分析出现该问题的原因：①可能受融合蛋白影响，对 *ANAC*069 的定位未能显示出蛋白质的真实分布位置；②*ANAC*069 基因的亚细胞定位很可能是一个动态变化的过程，还需要进一步的研究；③基因枪法将融合载体转入洋葱表皮以后，由于外界刺激，原本定位在细胞膜上的 ANAC069 蛋白实现膜释放进入细胞核中。

2.5 本章小结

本章通过用 *ANAC*069 基因启动子定向替换表达载体中的 35S 启动子，构建 *ANAC*069 启动子驱动 *GUS* 的植物表达载体，通过 GHA105 农杆菌介导的浸花法进行遗传转化，并用卡那霉素筛选获得转基因株系，通过对转基因拟南芥 T3 代株系的 GUS 染色分析，研究 *ANAC*069 基因的时空表达和诱导表达。利用实时定量 PCR 分析 *ANAC*069 基因在植物不同器官、不同生长时期的表达情况。GUS 染色试验和实时定量 PCR 试验表明 *ANAC*069 基因的表达具有组织特异性。通过将 *ANAC*069 基因与 *GFP* 基因融合，基因枪法转化到洋葱表皮细胞中研究 *ANAC*069 的亚细胞定位，结果表明 *ANAC*069 定位在细胞核。

第3章　非生物胁迫下*ANAC*069基因的功能分析

3.1　试验材料

3.1.1　植物材料

野生型拟南芥(哥伦比亚型),东北林业大学林木遗传育种国家重点实验室保存;*ANAC*069突变体,购自拟南芥生物资源中心(Arabidopsis Biological Resource Center)。

3.1.2　菌株和载体

大肠杆菌菌种Top10、农杆菌菌株EHA105、pROKⅡ载体,均为东北林业大学林木遗传育种国家重点实验室保存。

3.1.3　主要试剂

1. 酶及试剂盒

限制性内切酶*Kpn*Ⅰ、*Sac*Ⅰ以及T4 DNA Ligase、*DNase*Ⅰ等,购自Promega公司;LA *Taq*、Ex *Taq*、DL2000 DNA Marker、反转录试剂盒和pMD18－T Vector试剂盒,均购自宝生物工程有限公司;实时定量PCR试剂盒(全式金);质粒提取试剂盒、胶回收试剂盒和PCR产物纯化试剂盒(OMEGA);Trizol reagent (Invitrogen);琼脂糖(Bioweat);卡那霉素(Sigma);ABA、氯化钠、甘露醇、二氨基联苯胺(DAB)、氮蓝四唑(NBT)、伊文斯蓝、H_2DCF－DA染料,均购自哈尔滨伊事达生物技术有限公司。

2. 生理指标测定试剂

(1)测定超氧化物歧化酶(SOD)试剂:甲硫氨酸、NBT、核黄素、EDTA、K_2HPO_4和KH_2PO_4。

(2)测定过氧化物酶(POD)试剂:愈创木酚和过氧化氢溶液(天津),K_2HPO_4和KH_2PO_4。

(3)谷胱甘肽－S转移酶(GST)活性检测试剂盒(碧云天)。

(4)测定丙二醛(MDA)含量试剂:三氯乙酸(TCA)和硫代巴比妥酸(TBA)。

(5)测定脯氨酸含量试剂:磺基水杨酸、冰乙酸、磷酸、甲苯和脯氨酸。

以上生理指标测定试剂均购自哈尔滨伊事达生物技术有限公司。

3.1.4　溶液配制

(1)100 mmol/L MES－KOH。

MES 19.52 g，蒸馏水定容至 100 mL，1 mol/L KOH 调节 pH 至 6.15。

(2)Incubation Buffer A。

KCl 1.117 5 g，MES－KOH(100 mmol/L)50 mL，蒸馏水定容至 500 mL。

(3)200 mL SOD 反应液(现用现配)。

甲硫氨酸 0.387 964 g，核黄素 0.000 097 853 69 g(取 1 万倍母液 20 μL)，EDTA(取 0.5 mol/L 母液)40 μL，NBT 0.010 301 76 g，用 0.05 mol/L PBS 定容至 200 mL。

(4)50 mL 0.1 mol/L 愈创木酚。

取离心管称重、去皮，称取愈创木酚 0.62 g，加入 0.1 mol/L 磷酸缓冲液 50 mL。

(5)50 mL 0.8%(体积分数，下同)H_2O_2。

取 30% H_2O_2 1.320 1 mL，加入去离子水 48.68 mL。

(6)10%(质量浓度，下同)TCA 溶液(现用现配)。

称取 TCA 10 g，用蒸馏水定容至 100 mL。

(7)0.6%(质量浓度，下同)TBA 溶液(现用现配)。

称取 0.6 g TBA，用 10% TCA 定容至 100 mL。

(8)2.5%(体积分数，下同)酸性茚三酮显色液。

冰乙酸和 6 mol/L 磷酸以体积比为 3∶2 混合，作为溶剂进行配制，4 ℃保存，3～4 天有效。

3.2　试验方法

3.2.1　pROKⅡ－*ANAC*069 过表达载体的构建及遗传转化

1. 带酶切位点的 *ANAC*069 基因的获得及双酶切

以 cDNA 为模板，利用 PCR 的方法引入带酶切位点的 *ANAC*069 全基因，引物序列见表 3.1。

表 3.1　植物表达载体(pROKⅡ－*ANAC*069)构建所用引物序列

引物名称	引物序列(5′－3′)
pROKⅡ－*ANAC*069－F	5′－TCAG GGTACCATGGTGAAAGATCTGGTTGG－3′
pROKⅡ－*ANAC*069－R	5′－GTCA GAGCTCCTATCTCTCGCGATCAAACTTC－3′
pROKⅡ－F	5′－CGCAAGACCCTTCCTCTATATAAG－3′
pROKⅡ－R	5′－GACCGGCAACAGGATTCAATC－3′

注：__为引入的限制性内切酶 *Kpn* Ⅰ和 *Sac* Ⅰ的位点。

(1)PCR 反应。

反应体系如下：

10×Ex *Taq* Buffer　　2.0 μL

dNTPs (10 mmol/L)	0.4 μL
pROKⅡ－*ANAC*069－F(10 μmol/L)	1.0 μL
pROKⅡ－*ANAC*069－R(10 μmol/L)	1.0 μL
cDNA	1.0 μL
Ex *Taq*(5 U/μL)	0.25 μL
超纯水补足体积至	20 μL

反应程序:94 ℃预变性 2 min;94 ℃变性 30 s,58 ℃退火 30 s,72 ℃延伸 90 s,35 个循环;72 ℃延伸 7 min。

(2)将上述 PCR 产物经胶回收试剂盒回收后,用 *Kpn* Ⅰ 和 *Sac* Ⅰ 进行双酶切。

酶切体系:

10×Buffer J	2.0 μL
BSA	0.2 μL
*ANAC*069	0.5 μg
Kpn Ⅰ (10 U/ μL)	1.0 μL
Sac Ⅰ (10 U/ μL)	1.0 μL
超纯水补足体积至	20 μL

反应条件:37 ℃保温酶切 8 h。

将双酶切产物用 PCR 产物纯化试剂盒纯化后,电泳检测效果并测其浓度。

2. 植物表达载体 pROKⅡ双酶切

将含有 pROKⅡ质粒的大肠杆菌以 1%的体积比接种于 LB 液体培养基(加入终质量浓度为 50 mg/L 的卡那霉素)过夜培养,用质粒(小量)提取试剂盒提取 pROKⅡ质粒,浓度测定后,用限制性内切酶 *Kpn* Ⅰ 和 *Sac* Ⅰ 进行消化,酶切反应体系及条件同“带酶切位点的 *ANAC*069 基因的获得及双酶切”。

3. pROKⅡ－*ANAC*069 重组载体的获得和鉴定

(1)将 pROKⅡ和 *ANAC*069 的双酶切产物进行连接,连接体系如下:

10×T4 Ligase Buffer	1.0 μL
pROKⅡ	300 ng
*ANAC*069	200 ng
T4 DNA 连接酶	1.0 μL
超纯水补足体积至	10 μL

反应条件:16 ℃过夜。

(2)将上述连接产物以热激法转化大肠杆菌 Top10，于含卡那霉素(终质量浓度为 50 mg/L)的 LB 固体培养基上进行筛选，随机挑取单克隆小摇后进行大肠杆菌菌液 PCR，选取阳性克隆扩大培养后提取质粒，进行质粒 PCR 及双酶切检测，方法同 3.2.1。检测结果为阳性的重组质粒命名为 pROKⅡ－*ANAC*069。

4. pROKⅡ－*ANAC*069 重组质粒电击法转化农杆菌

转化方法同 2.2.2。

随机挑取筛选平板上的单克隆于 LB 液体培养基中培养，以 pROKⅡ－F 和 pROKⅡ－R 为引物进行菌液 PCR，反应体系及 PCR 扩增条件参照 3.2.1。PCR 产物用 1%琼脂糖凝胶电泳检测，PCR 结果为阳性的菌液可以用于后续试验。

5. 浸花法转化拟南芥

转化方法同 2.2.2。

6. 转基因株系的筛选和鉴定

(1)将消毒后的拟南芥种子播种于 1/2 MS 培养基(卡那霉素终质量浓度为 50 mg/L)上，置于人工气候室内培养。

(2)10 天左右，将能够在含卡那霉素的筛选培养基上正常生长(叶片绿色不变黄)的幼苗转移到灭菌的人工土中培养。

(3)选取 4 周大的 T1 代转基因拟南芥，提取基因组 DNA，方法参照 2.2.1。

(4)以载体 pROKⅡ－F 和 pROKⅡ－R 为引物，在 DNA 水平对 T1 代转基因株系进行 PCR 鉴定。用 pROKⅡ－*ANAC*069 重组质粒作为阳性对照，野生型拟南芥 DNA 作为阴性对照。反应体系和反应条件参照 3.2.1。

(5)选取阳性植株继代培养，T2、T3 代筛选和鉴定方法同上。

3.2.2 双引物法筛选突变体株系

1. 双引物法筛选拟南芥 T－DNA 插入突变体的原理

双引物法筛选拟南芥 T－DNA 插入突变体与常用的三引物法的原理相似，不同之处在于操作时有些麻烦，即需要经过两轮 PCR 才能最终鉴定出纯合体。图 3.1 为双引物法原理示意图，野生型植株(Wild Type，WT)目的基因所在的两条染色体上均没有 T－DNA 的插入，所以当第一轮用引物 LP 和 RP 进行 PCR 扩增时，能够得到单一目的条带，通常 1 000 bp 左右(具体长度根据设计而定)；因为引物 LBa1 位于 T－DNA 上，所以当第二轮用引物 LBa1 与 LP(或 RP)来扩增野生型植株 DNA 时，无法扩增出条带。纯合突变体植株(Homozygous Lines，HM)目的基因的两条染色体上同时发生了 T－DNA 的插入，T－DNA 的长度约为 17 kb，过长的模板使目的基因特异扩增无法完成，因此第一轮以 LP 和 RP 为引物扩增时无目的条带，第二轮以 LBa1 与 LP(或 RP)为引物进行扩增时能扩增出目的条带，相对分子质量约 410＋*N* bp(即从 LP 或 RP 到 T－DNA 插入位点的片段，长度为 300＋*N* bp，再加上从 LBa1 到 T－DNA 载体左边界的片段，长度为 110 bp)；杂合突变体植株(Heterozygous Lines，HZ)只在目的基因的一条染色体上发生 T－DNA 插入，所以第一轮 PCR 扩增后可得到约 1 000 bp 的产物，第二轮 PCR 扩增后

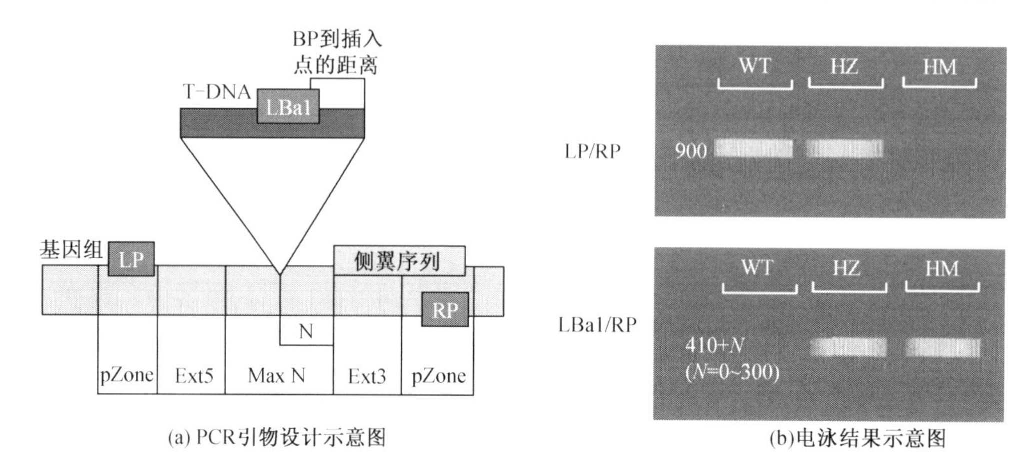

图 3.1　双引物法原理示意图

pZone—引物选择区域；Ext5、Ext3—Max N 到 pZone 之间的距离，不在此处选择引物；Max N—实际插入位点与序列的最大差异

可以得到 410＋N bp 的产物。双引物法的具体操作是首先以基因组 DNA 作为模板，用一对特异引物(LP 和 RP)扩增目的基因片段，初步筛选出纯合突变体；然后再以基因组 DNA 为模板，由 T－DNA 片段的特异引物(LBa1)与 LP 或 RP 组成一对引物，扩增目的基因 T－DNA 插入片段，以确定所获突变体为 T－DNA 插入目的基因的突变体。

2. 双引物法筛选拟南芥 *ANAC069* 突变体

从拟南芥生物资源中心(Arabidopsis Biological Resource Center)购买 4 种突变体，分别命名为 SALK_082353、SALK_095231、CS878234 和 SALK_082323。种子用 10% NaClO 消毒后播种在 1/2 MS 培养基上，7 天后移栽到土壤中，长到 4 周大小时用于提取 DNA，方法同 2.2.1。筛选突变体时需要在 T－DNA 插入位点两侧 200～400 bp 位置分别设计两个引物 LP、RP，因为每种突变体 T－DNA 的插入位点不同，所以分别设计引物 082353－LP/082353－RP、095231－LP/095231－RP、CS878234－LP/ CS878234－RP、082323－LP/082323－RP；同时设计 T－DNA 左边界引物 LBa1(表 3.2)。双引物法需要经过两轮 PCR 反应，第一轮以 LP/RP 为引物初步鉴定出纯合体，选取第一轮鉴定出的纯合体用 LBa1 与 RP 或 LP(根据 T－DNA 插入方向决定)进行 PCR，进一步确定是 T－DNA 插入突变的纯合体。

第一轮 PCR 反应体系：

10×LA *Taq* Buffer	2.0 μL
dNTPs (10 mmol/L)	0.4 μL
LP(10 μmol/L)	1.0 μL
RP(10 μmol/L)	1.0 μL
突变体 DNA	1.0 μL

LA *Taq* (5 U/μL)	0.25 μL
超纯水补足体积至	20 μL

反应程序：94 ℃预变性 2 min；94 ℃变性 30 s，58 ℃退火 30 s，72 ℃延伸 90 s，30 个循环；72 ℃延伸 7 min。

第二轮 PCR 反应体系：

10×LA *Taq* Buffer	2.0 μL
dNTPs (10 mmol/L)	0.4 μL
LP 或 RP(10 μmol/L)	1.0 μL
LBa1(10 μmol/L)	1.0 μL
突变体 DNA	1.0 μL
LA *Taq*(5 U/ μL)	0.25 μL
超纯水补足体积至	20 μL

反应程序：94 ℃预变性 2 min；94 ℃变性 30 s，58 ℃退火 30 s，72 ℃延伸 60 s，30 个循环；72 ℃延伸 7 min。

表 3.2　用于筛选突变体的引物序列

引物名称	引物序列(5′—3′)
095231—LP	5′—CTTCTTTATCCCAATCTCGCC—3′
095231—RP	5′—CGAGCATTTGAATCTACAGCAG—3′
082353—LP	5′—CTAAGCTATATATAGTTGGTT—3′
082353—RP	5′—GTACCACACAGGATCATCCG—3′
082323—LP	5′— ACGAGCAGGAGAAGGTTCTTC—3′
082323—RP	5′— CCTCTCCCGTTGGATAAAATC—3′
CS878234—LP	5′— TTTCAACAATATAGGCCCTCG—3′
CS878234—RP	5′— AGTACCACACAGGATCATCCG—3′
LBa1	5′— TGGTTCACGTAGTGGGCCATCG—3′

3.2.3　实时定量 PCR 分析 *ANAC*069 在不同株系中的表达

分别以等量的 *ANAC*069 过表达株系(T3 代)、突变体株系(纯合体)和野生型株系的 cDNA 为模板，进行实时定量 PCR 扩增，检测 *ANAC*069 基因在不同株系中的表达情况，以 *ACT*7(*AT*5*G*09810)和 *TUB*2(*AT*5*G*62690)基因表达量的平均值作为内参(所有样品都进行 3 次生物学重复)，以野生型中 *ANAC*069 基因表达量为基值 0，用－ΔΔCt 方法分析该基因在过表达株系和突变体株系中的相对表达量。具体操作方法同2.2.3，所用引物见表3.2。

3.2.4　萌发率、根长、鲜重和存活率试验

1. 萌发率试验

将野生型、*ANAC*069过表达株系和*ANAC*069突变体株系的种子消毒处理后分别播种于含不同浓度ABA(0 μmol/L、0.5 μmol/L、1 μmol/L、2 μmol/L)、NaCl(0 mmol/L、50 mmol/L、100 mmol/L、150 mmol/L)或者甘露醇(0 mmol/L、100 mmol/L、200 mmol/L、300 mmol/L)的1/2 MS培养基上，置于(22±2)℃，光照强度为80～100 μmol/(m^2·s)，光照周期为8 h黑暗/16 h光照，在人工气候室中培养。每次试验用100～110粒种子，第4天统计不同株系在不同处理条件下的萌发率，利用SPSS统计软件进行单因素方差分析，计算显著性为$P<0.05$。

2. 根长和鲜重试验

将野生型、*ANAC*069过表达株系和*ANAC*069突变体株系的种子消毒处理后播种于1/2 MS培养基上，5天以后将长势一致的不同株系的幼苗分别转移到含有ABA(0 μmol/L、10 μmol/L、20 μmol/L和50 μmol/L)、NaCl(0 mmol/L、50 mmol/L、100 mmol/L和150 mmol/L)和甘露醇(0 mmol/L，200 mmol/L，300 mmol/L和400 mmol/L)的1/2 MS培养基上竖直培养，以1/2 MS培养基上不同株系幼苗作为生长对照。每个株系每种胁迫包含40～50株植物。培养的温度为(22±2)℃，光照强度为80～100 μmol/(m^2·s)，光照周期为8 h黑暗/16 h光照，第10天对各株系不同处理条件下的根长和鲜重进行统计分析($P<0.05$，One－Way ANOVA)。

3. 存活率试验

分别用100 μmol/L、200 mmol/L NaCl和300 mmol/L甘露醇处理4周大小的野生型、过表达和突变体株系的土壤苗，以水处理作为对照，每个株系每种处理包含40～50株植物。处理后的第10天观察不同株系的胁迫表型，照相，然后将植物置于正常生长条件下生长复苏4天，对存活率进行统计分析($P<0.05$，One－Way ANOVA)。

3.2.5　非生物胁迫下不同株系的ROS水平和细胞死亡检测

1. DAB染色

DAB染色是通过叶片渗透DAB来定位过氧化氢的一种组织染色方法。其原理是：过氧化氢在过氧化物酶的催化作用下能与DAB迅速反应生成棕色化合物，因此可以通过生成棕色化合物的部位以及深浅来定位组织中的过氧化氢。

试验步骤：

①材料处理。将4周大小的野生型株系、过表达株系和突变体株系拟南芥分别用50 μmol/L ABA、200 mmol/L NaCl和300 mmol/L甘露醇处理。

②染色。处理2 h后取材，把处理好的植物叶片取下放入配好的DAB溶液中，处理时要尽量减小额外伤害，真空渗入10 min，浸泡8 h(暗处放置)，叶片不要压在一起，要分

散开;光下放置 1 h,至出现红棕色斑点。

③脱色。95%的乙醇沸水浴脱色。

2. NBT 染色

NBT 在光下有还原作用,在有氧化物质存在的条件下核黄素可被光还原,有氧条件下被还原的核黄素极易再氧化产生氧气,可将 NBT 还原为蓝色的甲腙,SOD 能够清除氧气,从而抑制甲腙生成,所以光还原反应后,反应液蓝色越深说明酶活性越低,细胞中所含 O^{2-} 越多。

试验步骤:除染色时无须抽真空,浸泡时间为 3 h 外,其余步骤同 3.2.5。

3. 伊文斯蓝染色

植物组织中的死细胞通透性增强,伊文斯蓝能够进入死细胞,与细胞中的蛋白质形成复合体,进而使组织着色,伊文斯蓝染色后,通过判断植物组织染色的深浅可以判断组织中细胞死亡的情况。

试验步骤:同 3.2.5。

4. H_2DCF—DA 染色

H_2DCF—DA 本身没有荧光,可以自由穿过细胞膜,进入细胞内可以被酯酶水解生成 DCFH。而 DCFH 不能通过细胞膜,从而使探针很容易被装载到细胞内。细胞内的活性氧可以氧化无荧光的 DCFH 生成有荧光的 DCF。检测 DCF 的荧光即可反映细胞内活性氧的水平。

试验步骤:

①材料处理。将 4 周大小的野生型株系、过表达株系和突变体株系拟南芥分别用 50 μmol/L ABA、200 mmol/L NaCl 和 300 mmol/L 甘露醇处理。

②表皮撕取和孵育。材料处理 2 h,立即撕取叶下表皮置于 Incubation Buffer A 中孵育 2 h。

③染色。将 Incubation Buffer A 吸净,蒸馏水冲洗;加蒸馏水 1 mL,再加 ROS 染色剂 H_2DCF—DA 至终浓度为 25 μmol/L,染色 10 min。

④去染色剂。去除染色剂,用 Incubation Buffer A 洗 3 次,保存于 Incubation Buffer A 中。

⑤激光共聚焦显微镜观察保卫细胞活性氧水平。

3.2.6　非生物胁迫下 *ANAC*069 基因的生理学角色分析

选取 4 周大小的野生型株系、2 个过表达株系(OE—2 和 OE—3)和 2 个突变体株系(KO—1 和 KO—2)土壤苗,分别用水(对照)、100 μmol/L ABA、200 mmol/L NaCl 和 300 mmol/L甘露醇处理 3 天,每个株系每种处理至少取 30 株植物,分别测定不同株系不同处理后的 SOD、POD、GST 活性,MDA、脯氨酸含量和电解质渗出率。试验进行 3 次独立的生物学重复。SOD 活性测定采用 NBT 光化还原法测定;POD 活性采用愈创木酚法测定;GST 活性采用谷胱甘肽—S 转移酶测定试剂盒测定;MDA 含量采用 TBA 比色法测定;脯氨酸含量采用磺基水杨酸提取,茚三酮比色法测定;电解质渗出率用电导仪法测定。利用 SPSS 软件对相同处理条件下不同株系体内生理指标的差异进行统计分析($P<0.05$, One－Way ANOVA)。

1. SOD 活性测定

依据 SOD 抑制 NBT 在光下的还原作用来确定酶活性，在有氧化物质存在下，核黄素可以被光还原，被还原的核黄素在有氧条件下极易再氧化产生 O_2，可将 NBT 还原为蓝色的甲腙，后者在 560 nm 处有最大吸收值，而 SOD 可以清除 O_2，从而抑制甲腙的形成，于是光还原反应后，反应液蓝色越深，说明酶活性越低，反之酶活性越高，据此可以计算出酶活大小。

试验步骤：

①称取植物材料 50～100 mg，称重，液氮研磨，放入装有 1.5 mL 1/15 mol/L 磷酸缓冲液(pH 7.8)的离心管内，4 ℃放置 30 min，11 000 r/min 离心 20 min。

②酶液加 1.5 mL 反应液(一般只需加 20～60 μL 酶液和 440～480 μL 1/15 mol/L 磷酸缓冲液)。

③30 ℃、6 级光照培养箱内反应 10 min 后立即测吸光度值，读取 560 nm 处反应液的吸光度值，用不加酶液的反应液作为对照，用稀释后的酶液调零。

0.5 mL H_2O＋1.5 mL SOD 反应液——测值(每批 1 个)，记为 A_1；

0.5 mL 酶液(已经稀释 3～5 倍)＋1.5 mL H_2O——调零(每个样品 1 个)；

0.5 mL 酶液(已经稀释 3～5 倍)＋1.5 mL 反应液——测值(每个样品 1 个)，记为 A_2。

④SOD 活性计算。SOD 活性计算公式为

$$\text{SOD 活性}=(N\times\Delta A)/(W\times T\times 50\%)$$

$$\Delta A=(A_1-A_2)/A_1$$

式中 N——稀释倍数；

W——材料净重，g；

T——反应总时间，min。

2. POD 活性测定

POD 能够催化过氧化氢氧化酚类，产物为醌类化合物，此化合物进一步缩合或与其他分子缩合，产生颜色较深的化合物。本试验以愈创木酚为过氧化物酶的底物，在此酶存在下，H_2O_2 可以将愈创木酚氧化成红棕色的 4－邻甲基苯酚，红棕色的物质在 470 nm 处有最大吸收值，可用分光光度计测得，进一步求得过氧化物酶活性。

试验步骤：

①液氮研样，取植物材料 50～100 mg，称重。

②加 1.5 mL 0.01 mol/L 磷酸缓冲液(pH 7.2)，4 ℃ 放置 30 min，11 000 r/min 离心 10 min。

③取上清液 100 μL，依次加入 400 μL 0.01 mol/L 磷酸缓冲液、500 μL 0.8% H_2O_2 溶液、500 μL 0.1 mol/L 磷酸缓冲液(pH 7.2)和 500 μL 0.1 mol/L 愈创木酚溶液，充分混匀，30 ℃水浴反应 8 min。

④测定 470 nm 处反应溶液的吸光度值，以去离子水替代 H_2O_2 溶液的反应体系作

为对照调零。

⑤POD 活性计算。POD 活性计算公式为

$$\text{POD 活性}=(N\times \Delta A)/(W\times T)$$

式中　ΔA——470 nm 处反应溶液的吸光度；

N——稀释倍数；

W——材料净重，g；

T——反应总时间，min。

3. GST 活性测定

GST 具有催化还原型谷胱甘肽(GSH)与 1－氯－2,4－二硝基苯(CDNB 底物)结合的能力，结合形成的产物谷胱甘肽二硝基苯复合物在波长 340 nm 处有最大光吸收峰，通过测定 340 nm 波长处吸光度上升速率即可计算 GST 活性。

试验步骤：

(1)酶液提取。

液氮研样，取植物材料 50～100 mg，称重；加入 200 mL 酶提取液(50 mmol/L pH 7.4 Tris－HCl，1 mmol/L EDTA，10 g/L 聚乙烯吡咯烷酮(PVP)，0.1 mmol/L苯甲基磺酰氟(PMSF)，5%(体积分数)巯基乙醇；4 ℃、15 000*g* 条件下离心 25 min，保留上清液。

(2)酶促反应。

酶促反应所用试剂和用量见表 3.3。

表 3.3　酶促反应所用试剂和用量

溶液	测定管	对照管
基质液/mL	0.3	0.3
酶液/mL	0.1	—
混匀，37 ℃水浴 10 min		
试剂 2 应用液/mL	1	1
无水乙醇/mL	1	1
酶液/mL	—	0.1

混匀，3 500～4 000 r/min 离心 10 min，取上清液进行显色反应。

(3)显色反应。

显色反应所用试剂和用量见表 3.4。

表 3.4　显色反应所用试剂和用量

溶液	空白管	标准管	测定管	对照管
GSH 标准溶剂应用液/mL	2	—	—	—
20 μmol/L GSH 标准溶液/mL	—	2	—	—
酶液/mL	—	—	2	2
试剂 3 应用液/mL	2	—	2	2
试剂 4 应用液/mL	0.5	0.5	0.5	0.5

混匀室温放置 15 min，双蒸水调零，412 nm 波长处测各管 OD 值。

(4)酶液中蛋白质含量测定。

用考马斯亮蓝 G—250 法测定酶液中蛋白质的含量。

(5)GST 活性计算。

规定每毫克组织蛋白在 37 ℃反应 1 min，扣除非酶促反应使反应体系中 GSH 浓度降低 1 μmol/L 为一个酶活力单位(U)。GST 活性计算公式为

组织中 GST 活性(U/mg)＝(对照 OD 值－测定 OD 值)/(标准 OD 值－空白 OD 值)×标准品浓度(20 μmol/L)×反应体系稀释倍数(6 倍)/反应时间(10 min)/[样本取样量(0.1 mL)×酶液蛋白质量浓度(mg/mL)]

4. MDA 含量测定

MDA 是常用的膜脂过氧化指标，在酸性和高温条件下，可以与 TBA 反应生成红棕色的三甲川(3,5,5－三甲基恶唑－2,4 二酮)，其最大吸收波长在 532 nm。但是，测定植物组织中 MDA 时受多种物质的干扰，其中最主要的是可溶性糖，可溶性糖与 TBA 显色反应产物的最大吸收波长在 450 nm，但 532 nm 处也有吸收。植物遭受干旱、高温、低温等逆境胁迫时可溶性糖的含量增加，因此测定植物组织中 MDA—TBA 反应物质含量时一定要排除可溶性糖的干扰。

试验步骤：

①研样，称重 50～100 mg；

②1.5 mL 10%(体积分数)三氯乙酸抽提(4 ℃、30 min)，11 000 r/min 离心 20 min，取上清；

③测值管：1 mL 酶液＋1 mL 0.6% TBA；

调零管：1 mL 水＋1 mL 0.6% TBA 沸水浴 15 min，冷却，测 OD_{532} 值和 OD_{450} 值；

④计算公式：

每克样品中丙二醛的含量(质量摩尔浓度)＝$(c\times V)/W$(μmol/g)

$$c(\mu mol/L) = 6.45OD_{532}值 - 0.56OD_{450}值$$

式中　V——酶液体积，L；

W——材料净重，g。

5. 脯氨酸含量测定

原理：磺基水杨酸对脯氨酸有特定反应，当用磺基水杨酸提取植物样品时，脯氨酸游离于磺基水杨酸溶液中，用酸性茚三酮加热处理后，茚三酮与脯氨酸反应，生成稳定的红色化合物，再用甲苯处理，则色素全部转移至甲苯中，色素深浅即表示脯氨酸含量的多少，在 520 nm 波长下测定吸光度，即可以从标准曲线上查出脯氨酸的含量。

试验步骤：

(1) 制作标准曲线。

① 取 7 支具塞刻度试管按表 3.5 加入各试剂，编号为 1～7 号的试管中脯氨酸质量依次为 0、2、4、8、12、16、20 μg，将 7 支试管置于沸水中加热 40 min。

表 3.5　试管及试剂用量

试管号	1	2	3	4	5	6	7
标准液/mL	0	0.2	0.4	0.8	1.2	1.6	2.0
水/mL	2.0	1.6	1.2	0.8	0.4	0.2	0
冰乙酸/mL	2	2	2	2	2	2	2
显色液/mL	3	3	3	3	3	3	3

② 取出冷却后向各试管加入 5 mL 甲苯充分振荡，静置，分层，吸取甲苯层，以 1 号管为对照测 OD_{520}值；

③ 以光吸收值为纵坐标、脯氨酸含量为横坐标，制作标准曲线。

(2)样品测定。

① 脯氨酸提取。取样品 100～200 mg，置于大试管中，加入 2 mL 3%(体积分数)磺基水杨酸溶液，管口加盖，沸水浴中浸提 10 min。

② 取出试管，冷却至室温后，11 000 r/min 离心 5 min。

③ 吸上清液 1 mL，加 1 mL 冰乙酸和 1.5 mL 显色液，沸水中加热 40 min。

④ 取出冷却后上清液加入 2.5 mL 甲苯充分振荡，静置，分层，吸取甲苯层，以 1 号管为对照测 OD_{520}值。

(3)结果计算。

$$脯氨酸含量(\mu g/g)=(m\times V_1)/(V_2\times W)$$

式中　c——提取液中脯氨酸质量，μg；

V_1——提取液总体积，mL；

V_2——测定时所吸取的体积，mL；

W——样品重，g。

6. 电解质渗出率测定

使用 DDS2ⅡA 型电导率仪测定电解质渗出率，试验步骤如下。

(1)将 50 mL 干净的小烧杯，用双蒸水和去离子水分别冲洗 3 次，用超纯水浸泡平衡 24 h，烘干。

(2)用自来水冲洗植物叶片，再用双蒸水和去离子水分别冲洗 3 次，用洁净滤纸吸净表面的水分，取面积相等的叶片放入小烧杯中，加入 30 mL 去离子水。

(3)真空渗透，待样品沉入液面以下，静置 20 min，用电导率仪测定溶液电导率 S_1，然后将小烧杯放入沸水浴加热 20 min，冷却至室温后测定溶液电导率 S_2。

(4)计算公式

$$电解质渗出率=S_1/S_2\times 100\%$$

7. 失水率测定

从 4 周大小的拟南芥植株上分离莲座叶，立即称重，记为 FW(fresh weight)，将离体叶片置于干净的超净台上(空气相对湿度为 50%，温度为 25 ℃)；在指定时间点测干重

(desiccated weight);叶子最终置于 80 ℃烘箱中 24 h 直至干重恒定不变,此时称重,记为 DW(dry weight)。按如下公式计算失水率:

失水率=1-(指定时间点的干重-DW)/(FW-DW)×100

3.2.7 实时定量 PCR 分析不同株系的逆境反应相关基因表达情况

为了研究非生物胁迫后不同株系中 *GST*、*POD*、*SOD* 基因以及脯氨酸代谢相关基因 *P5CS* 的表达差异,选取 4 周大小的野生型株系、过表达株系 OE-3 和突变体株系 KO-2土壤苗,分别用水(对照)、100 μmol/L ABA、200 mmol/L NaCl 和 300 mmol/L 甘露醇处理,处理 1 天和 3 天时取材,液氮速冻,置于-80 ℃冰箱备用。从拟南芥中找到 9 个 *SOD* 基因,10 个 *POD* 基因,7 个 *GST* 基因和 2 个 *P5CS* 基因,这些基因均被证实与 SOD、POD、GST 活性以及脯氨酸合成相关。利用实时定量 PCR 分析非生物胁迫处理 1 天时 *SOD*、*POD* 和 *GST* 基因以及处理 3 天时 *P5CS* 基因在不同株系中的表达情况。以 *ACT7*(*AT5G09810*)和 *TUB2*(*AT5G62690*)基因表达量的平均值作为内参,以相同条件下各基因在野生型株系中的表达量作为基值 1,用 $2^{-\Delta\Delta Ct}$ 方法计算 *SOD*、*POD* 和 *GST* 基因在过表达株系和突变体株系中的相对表达量。以水处理条件下 *P5CS* 基因在野生型株系中的表达量作为基值 0,用-ΔΔCt 方法计算不同处理后 *P5CS* 基因在不同株系中的相对表达量。所有样品都进行 3 次独立的生物学重复。具体操作方法同 2.2.3。实时定量 PCR 引物序列见表 3.6。

表 3.6　用于实时定量 PCR 的 *SOD*、*POD*、*GST* 和 *P5CS* 基因的引物序列

引物名称	引物序列(5′-3′)
SOD1 -F(*AT1G08830*)	5′-GATGGTAAAACACACGGTGC-3′
SOD1-R(*AT1G08830*)	5′-GCCAGGCTGAGTTCATGGCCTC-3′
SOD2-F(*AT1G12520*)	5′-GTCACCCGGAACCCACAGC-3′
SOD2-R(*AT1G12520*)	5′-CCGAATAAAAGGCCTCTCC-3′
SOD3-F(*AT2G28190*)	5′-GATTTCATCTCCATGAGTTTG-3′
SOD3-R(*AT2G28190*)	5′-CAGAATTAGGACCAGTCAGAG-3′
SOD4-F(*AT3G10920*)	5′-GAAGAACCTTGCTCCTTCCAG-3′
SOD4-R(*AT3G10920*)	5′-GATTGGCAGTTGTGTCAACAAC-3′
SOD5-F(*AT3G56350*)	5′-GAAGGAGGTGGCAAACCAC-3′
SOD5-R(*AT3G56350*)	5′-TCTTGTACTGTGGATAGTAG-3′
SOD6-F(*AT4G25100*)	5′-GAGAGCTTCTTGCTTTGCTTG-3′
SOD6-R(*AT4G25100*)	5′-CATGCTCCCAGACATCAATG-3′
SOD7-F(*AT5G18100*)	5′-CTGGACCTCACTTCAATCC-3′
SOD7-R(*AT5G18100*)	5′-CTCCTTTCCCAAGGTCATCAG-3′

续表3.6

引物名称	引物序列(5′—3′)
SOD8—F(*AT*5*G*23310)	5′—CCTGGAGGTGGAGGAAAGC—3′
SOD8—R(*AT*5*G*23310)	5′—CTGCATTGGGCGTCTTCAC—3′
SOD9—F(*AT*5*G*51100)	5′—CGCTGCACAGGTCTATAACC—3′
SOD9—F(*AT*5*G*51100)	5′—AATATCGTCCCACACGAGTG—3′
POD1—F(*AT*1*G*24110)	5′—TCTGACCGTTCAAGAAATGG—3′
POD1—R(*AT*1*G*24110)	5′—TGGAGCAACCCGTAACCGTG—3′
POD2—F(*AT*2*G*18140)	5′—TCCGGGAGCCACACCATTGG—3′
POD2—R(*AT*2*G*18140)	5′—TGGTCGGAATTCAACAGTC—3′
POD3—F(*AT*2*G*18150)	5′—CCAATCCGGAAACGGAAGTC—3′
POD3—F(*AT*2*G*18150)	5′—TCTGCATACTTCTTGACGAG—3′
POD4—F(*AT*3*G*49110)	5′—GCAACACTGGATTACCTGAC—3′
POD4—R(*AT*3*G*49110)	5′—CCATCAGCATATGCTCTCAC—3′
POD5—F(*AT*4*G*08770)	5′—TCGACAGCGAATATGCCGAC—3′
POD5—R(*AT*4*G*08770)	5′—GAACTCTTGCTCCGATCCTC—3′
POD6—F(*AT*4*G*30170)	5′—AGCCGTCACGGCCTCTCTC—3′
POD6—R(*AT*4*G*30170)	5′—CAAGATTTGATCTGACGTG—3′
POD7—F(*AT*5*G*66390)	5′—GACTGTTCCTGACATCCAC—3′
POD7—R(*AT*5*G*66390)	5′—CTTGAAGTACATGTTGTCG—3′
POD8—F(*AT*5*G*58390)	5′—ATCCCTCCTCCGATCACTAC—3′
POD8—R(*AT*5*G*58390)	5′—GTCGAACCTATCGGGAGAG—3′
POD9—F(*AT*5*G*58400)	5′—GGCAAGCCAGGTGCGTCAC—3′
POD9—R(*AT*5*G*58400)	5′—TCCGGCTGTAGGATACGAC—3′
POD10—F(*AT*5*G*47000)	5′—CTCACTAAGTTCAAGCGTC—3′
POD10—R(*AT*5*G*47000)	5′—GAATAGGGTCTGGTCACCTC—3′
GST1—F (*AT*1*G*49860)	5′—GGATGGAAGTAGATAGCAATCAAT—3′
GST1 —R(*AT*1*G*49860)	5′—CTCTTCTTCGTCCGTGTTCAAC—3′
GST2 —F(*AT*1*G*53680)	5′—GATGCTGCATCTTTCTTGCCCTC—3′
GST2 —R(*AT*1*G*53680)	5′—GTTATGTCTACATAACCAAATG—3′
GST 3—F(*AT*2*G*02930)	5′—CTTCTCCCAGCTGACTCCAAGAAC—3′
GST 3—R(*AT*2*G*02930)	5′—GTTTCACCAGCCAAATACTTGAAC—3′

续表3.6

引物名称	引物序列(5′—3′)
GST 4—F(*AT*3*G*03190)	5′—GCAAGACTTTGGAGGGACGAG—3′
GST 4—R(*AT*3*G*03190)	5′—GTGAATTCATCACCGCCCAAGTAC—3′
GST 5—F(*AT*4*G*02520)	5′—CCAAGGAACCAACCTTCTCCAAAC—3′
GST 5—R(*AT*4*G*02520)	5′—CTTGAACTCCTTGAGCCTAGC—3′
GST 6—F(*AT*4*G*19880)	5′—CTTATGAGGAGGCAGTGGAGC—3′
GST 6—R(*AT*4*G*19880)	5′—GTTGCATTTGAAGTGGACTGC—3′
GST 7—F(*AT*5*G*12110)	5′—GCTCATCCACATACTGAGGAAC—3′
GST 7—R(*AT*5*G*12110)	5′—CTGGCATCTGAACACTACGAACAG—3′
P5CS1—F(*AT*2*G*39800)	5′—CTGAACATACCAGAAGCACGG—3′
P5CS1—R(*AT*2*G*39800)	5′—CATCTGAGAATCTTGTGCTGG—3′
P5CS2—F(*AT*3*G*55610)	5′—GTATGGTGGGCCAAGAGCAAG—3′
P5CS2—R(*AT*3*G*55610)	5′—CATCAGAGAATCTTGTGCTTG—3′

3.3 结果与分析

3.3.1 *ANAC069* 过表达株系的获得

1. 重组质粒 pROKⅡ—*ANAC069* 的 PCR 检测和双酶切检测

利用质粒提取试剂盒提取 PCR 检测为阳性的大肠杆菌质粒，以重组质粒 pROKⅡ—*ANAC*069 为模板，用特异性引物进行 PCR 扩增，电泳结果表明 2 个被测质粒中都扩增得到了 1 374 bp 的特异条带(图 3.2)。用 *Kpn* Ⅰ 和 *Sac* Ⅰ 限制性内切酶对 2 个重组质粒(pROKⅡ—*ANAC*069)进行双酶切，酶切产物电泳检测结果如图 3.2 所示，2 个重组质粒均能够切下 1 374 bp 特异性条带，说明重组质粒中目的基因与载体连接正确，植物表达载体 pROKⅡ—*ANAC*069 构建成功。

2. 重组质粒 pROKⅡ—*ANAC069* 转入农杆菌后菌液 PCR 检测

用电击法将重组质粒(pROKⅡ—*ANAC*069)转化农杆菌 EHA105，以农杆菌菌液为模板，以载体 pROKⅡ—F 和 pROKⅡ—R 为引物(载体序列长度为 150 bp)进行 PCR 检测，如图 3.3 所示，表明 1～5# 重组质粒 pROKⅡ—*ANAC*069 已成功转入农杆菌 EHA105 中，阳性的 EHA105(pROKⅡ—*ANAC*069)可以用于拟南芥的遗传转化。

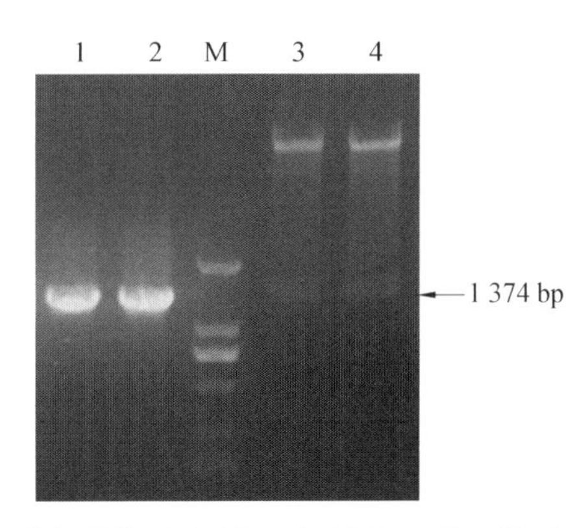

图 3.2　重组质粒 pROKⅡ-*ANAC*069 的 PCR 和双酶切鉴定

M. DL2000 DNA Marker；1～2. pROKⅡ-*ANAC*069 质粒 PCR 产物；3～4. pROKⅡ-*ANAC*069 质粒双酶切产物

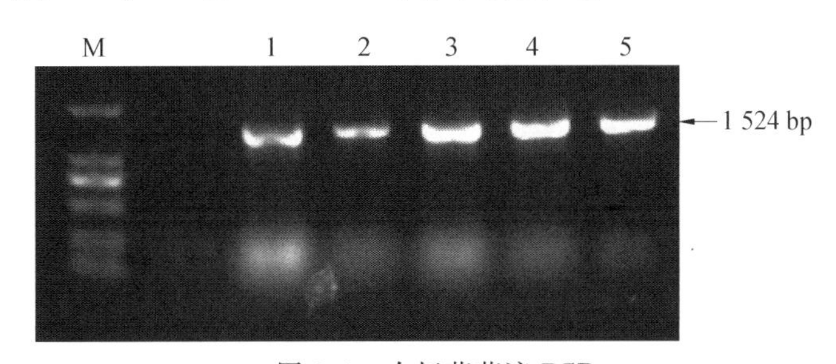

图 3.3　农杆菌菌液 PCR

M. DL2000 DNA Marker；1～5. 检测的农杆菌单菌落

3. 转基因拟南芥的 T1 代苗 DNA 水平检测

用含有卡那霉素的 1/2 MS 培养基共筛选出 15 株拟南芥。采用 CTAB 法提取拟南芥 DNA，以载体 pROKⅡ-F 和 pROKⅡ-R 为引物，对转基因植株进行 PCR 检测，如图 3.4 所示，*ANAC*069 基因已成功转入拟南芥。

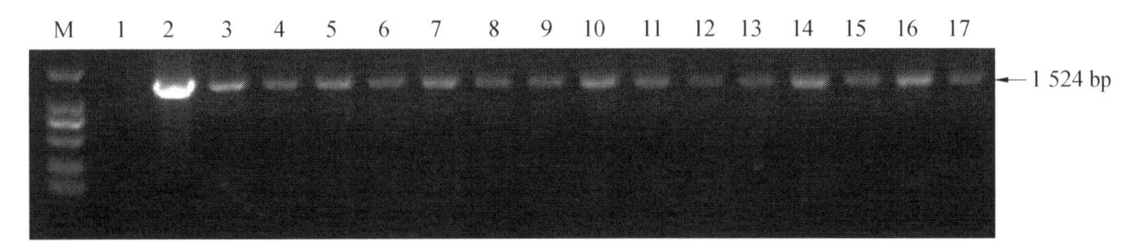

图 3.4　*ANAC*069 过表达株系 PCR 检测

M. DL2000 DNA Marker；1. 野生型拟南芥 DNA PCR(阴性对照)；2. pROKⅡ-*ANAC*069 质粒 PCR(阳性对照)；3～17. *ANAC*069 过表达株系 DNA 的 PCR 产物

3.3.2　*ANAC069* 纯合突变体株系的获得

从拟南芥生物资源中心(Arabidopsis Biological Resource Center，ABRC)购买 4 种 *ANAC*069 的突变体，它们的 ID 号分别是 SALK_082353、SALK_095231、SALK_

CS878234 和 SALK_082323。将种子用 10% NaClO 消毒后播种在 1/2 MS 培养基上，7 天后移栽到土壤中，长到 4 周大小时用于提取 DNA。利用双引物法经两轮 PCR 对 4 种突变体不同株系进行 PCR 鉴定。第一轮 PCR 用引物 LP/RP，第二轮 PCR 用引物 LBa1/RP(或 LP)。

如图 3.5 所示，被检测的 SALK_082353 的 12 个株系中，第一轮有目的条带的为 2#、4#、6#、9#、11#、12#(2#、6#、9#、11# 的目的条带较弱)；第二轮有目的条带的为1#、3#、5#、7#、8#、9#、10#、11# 和 12#。根据双引物法原理，1#、3#、5#、7#、8#、10# 为纯合突变体，2#、4#、6# 为野生型，而 9#、11#、12# 为杂合突变体。将纯合突变体的 6 个株系保存备用。

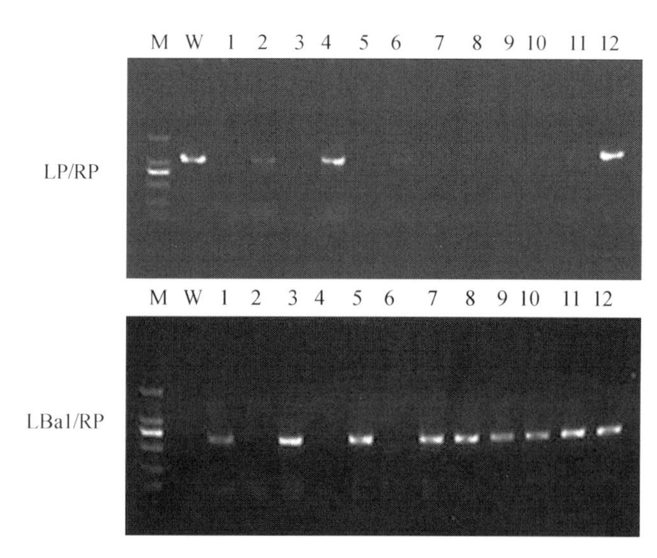

图 3.5　双引物法 PCR 鉴定 SALK_082353 的纯合突变体
M. DL2000 DNA Marker；W. 野生型植株；1～12. 突变体 SALK_082353 的待鉴定株系

同理，检测了 SALK_095231 的 12 个株系，结果如图 3.6 所示，第一轮除了野生型以外 12 个株系都未见目的条带，初步确定这 12 个株系均为纯合体；第二轮除了 1# 以外，2～12# 均有目的条带，因此确定了 2～12# 是 T－DNA 插入目的基因的突变体。将纯合突变体的 11 个株系保存备用。

采用双引物法分析 SALK_CS878234 的 29 个株系，结果如图 3.7 所示。第一轮未出现目的条带被初步鉴定为纯合体的是：6#、19#、21#、24#、25# 和 26#，用 LBa1/LP 对初步鉴定为纯合体的 6 个株系进一步做第二轮的 PCR 检测，结果均扩增出特异条带。说明 SALK_CS878234 的 6#、19#、21#、24#、25# 和 26# 均是纯合体。将纯合体的 6 个株系保存备用。

同理，分析 SALK_082323 的 10 个株系，结果如图 3.8 所示，第一轮 10 个株系均扩增出特异条带，说明这 10 个株系都不是纯合体，其中有可能有杂合体，要想获得纯合体还需要继代筛选，因为已经有 3 种突变体，所以可以放弃。

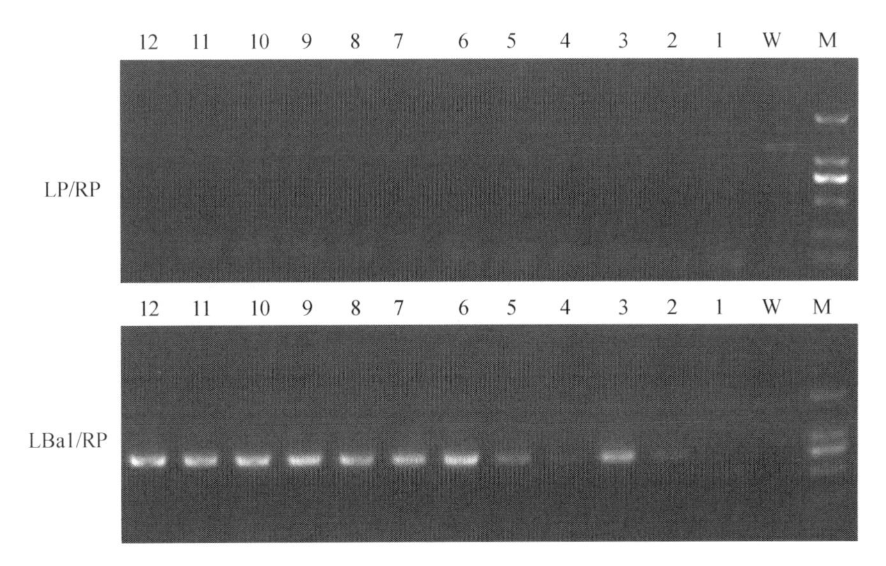

图 3.6　双引物法 PCR 鉴定 SALK_095231 纯合突变体

M. DL2000 DNA Marker；W. 野生型植株；1～12. 突变体 SALK_095231 的待鉴定株系

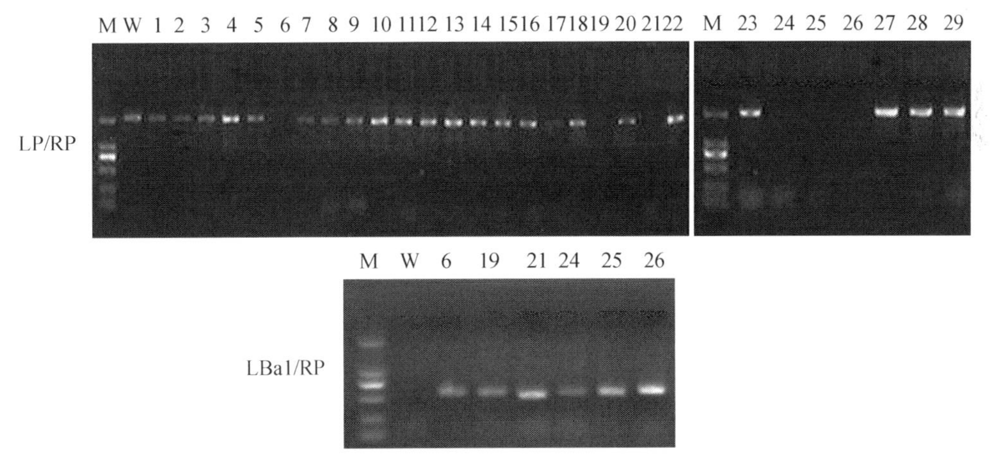

图 3.7　双引物法 PCR 鉴定 SALK_CS878234 纯合突变体

M. DL2000 DNA Marker；W. 野生型植株；1～29. 突变体 SALK_CS878234 的 29 个待鉴定株系

3.3.3　*ANAC*069 在过表达株系和突变体株系中的表达情况

为了研究 *ANAC*069 在过表达株系和突变体株系中转录水平的变化，选取 4 周大的植物，分别提取野生型、过表达和突变体株系的 RNA，反转录成 cDNA，利用实时定量 PCR 对 3 种突变体株系和过表达株系中 *ANAC*069 的相对表达量进行分析。以野生型拟南芥中 *ANAC*069 的表达量作为 lg 2 转化后的 0 标准。每种突变体株系选取 2 个株系，过表达株系选取 4 个株系。结果如图 3.9 所示，相对野生型株系而言，*ANAC*069 在 3 种突变体株系中均呈不同程度下调表达，其中在 3# (SALK_095231)中的表达量最低，其

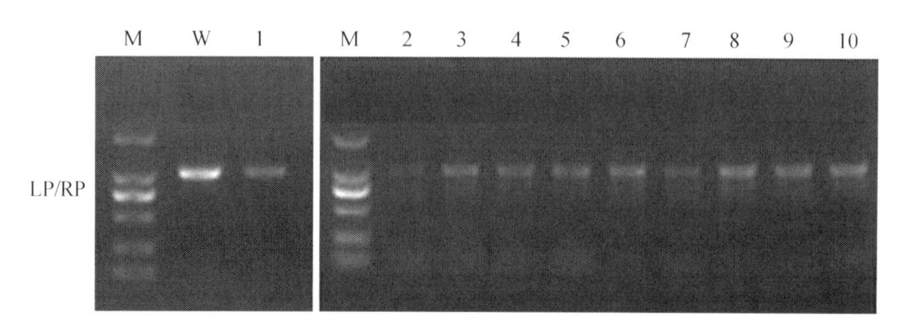

图 3.8 双引物法 PCR 鉴定 SALK_082323 纯合突变体

M. DL2000 DNA Marker；W. 野生型植株；1～10. 突变体 SALK_082323 的 10 个待鉴定株系

次为 1#(SALK_082353)，将 1# 和 3# 分别命名为 KO－1 和 KO－2，用于后续 *ANAC*069 的功能研究。*ANAC*069 在过表达株系中呈显著上调表达，选取 7#、8# 和 9# 对应的株系分别命名为 OE－1、OE－2 和 OE－3，用于后续功能分析。

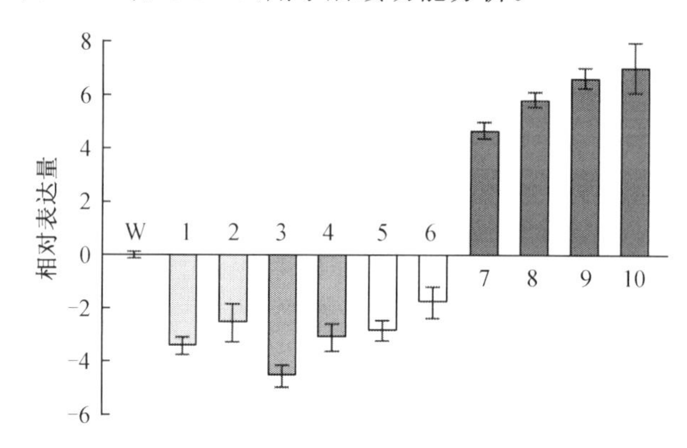

图 3.9 实时定量 PCR 检测 *ANAC*069 在野生型、过表达和突变体株系中的转录水平

W. 野生型株系；1 和 2. SALK_082353 纯合突变体株系；3 和 4. SALK_095231 纯合突变体株系；5 和 6. SALK_CS878234 纯合突变体株系；7～10. *ANAC*069 过表达株系

3.3.4 萌发率、根长、鲜重和存活率统计

1. 萌发率试验

为了比较 ABA、盐(NaCl)、旱(甘露醇)处理条件下拟南芥不同株系的萌发率差异，将野生型株系、两个突变体株系(KO1 和 KO2)和 2 个过表达株系(OE－2 和 OE－3)分别播种于含不同浓度 ABA、NaCl、甘露醇的 1/2MS 培养基上，4 天后统计种子萌发率。当 ABA 浓度达到 0.5 μmol/L 时，过表达 *ANAC*069 的 2 个株系的萌发率显著降低($P<0.05$)，野生型和突变体株系萌发率未见差异。在 ABA 浓度为 1 μmol/L 和 2 μmol/L 的培养基上，结果相同，过表达株系表现出对 ABA 的高度敏感性，而突变体和野生型株系对 ABA 的敏感程度相当(图 3.10)。当 NaCl 浓度为 50 mmol/L 时，过表达株系表现出显著降低的萌发率，说明过表达株系对 NaCl 很敏感，即使很低的盐浓度也会对其造成很

大影响。在50 mmol/L NaCl 浓度下突变体和野生型株系的萌发率无显著差异，但是当NaCl 浓度增加到100 mmol/L和 150 mmol/L 时，突变体株系的萌发率显著高于野生型($P<0.05$)，说明高盐胁迫下突变体株系对盐表现出耐受性提高。渗透刺激与盐胁迫的结果相类似，在不同浓度的甘露醇处理条件下，过表达株系均表现出最低的萌发率，相反，随着甘露醇浓度的提高，突变体株系的萌发率显著高于其他 2 个株系(图 3.10)。

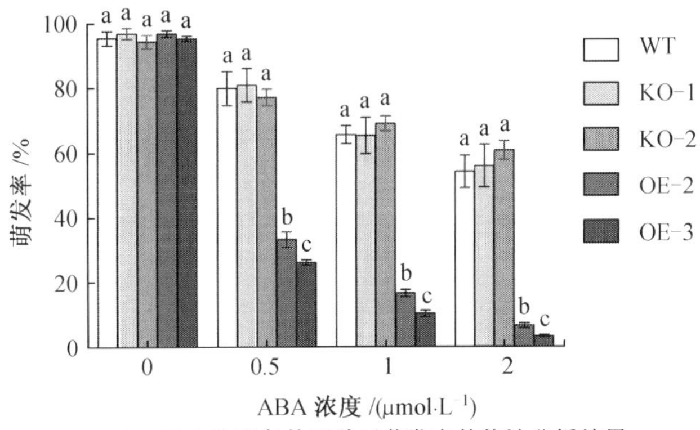

(a) ABA 处理条件下种子萌发率的统计分析结果

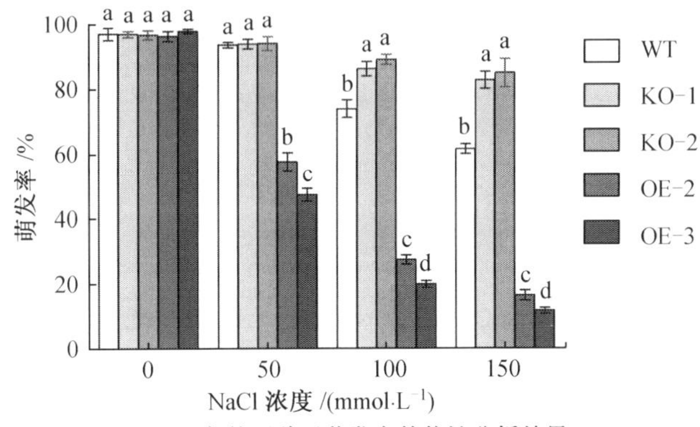

(b) NaCl 处理条件下种子萌发率的统计分析结果

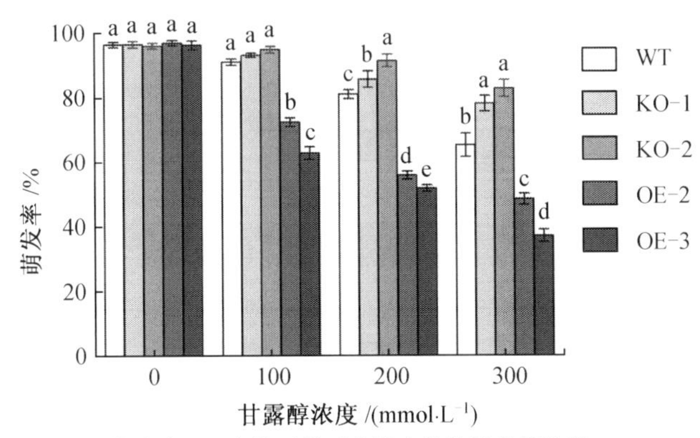

(c) 甘露醇处理条件下种子萌发率的统计分析结果

图 3.10　ABA、NaCl 和甘露醇处理条件下种子萌发率的统计分析结果和照片

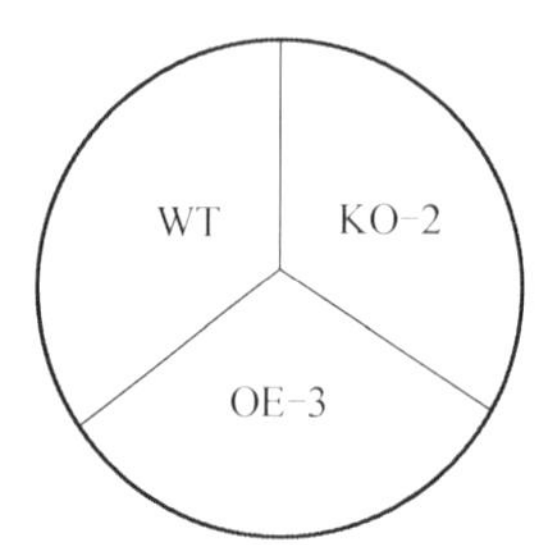

(d) 不同株系种子在平板上的分布示意图

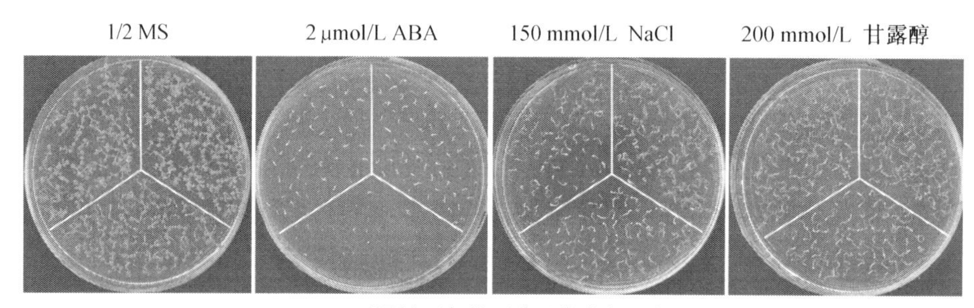

(e) 不同处理条件下种子萌发率照片

续图 3.10

2. 根长和鲜重试验

为了比较非生物胁迫下 *ANAC*069 过表达株系、突变体株系、野生型株系根长和鲜重的差异，将 5 天大小长势一致的不同株系的幼苗分别转移到含不同浓度 ABA、NaCl 和甘露醇的培养基上竖直培养，胁迫处理第 10 天时测量根长和鲜重。每个株系每种胁迫包含 40～50 株植物，3 次独立试验取平均值后得到如图 3.11 所示的结果。取生长在含 50 μmol/L ABA、150 mmol/L NaCl 和 400 mmol/L 甘露醇的培养基上的幼苗进行拍照，如图 3.12 所示。从根长和鲜重试验结果中能看到，在正常生长条件下，野生型株系、过表达株系和突变体株系无明显差异，但是经过 NaCl 和甘露醇处理后，过表达株系的根长和鲜重较野生型和突变体株系显著降低（$P<0.05$），说明过表达株系对 NaCl 和甘露醇高度敏感，与之相反，突变体株系则对 NaCl 和甘露醇表现出显著的耐受性，如图 3.11 所

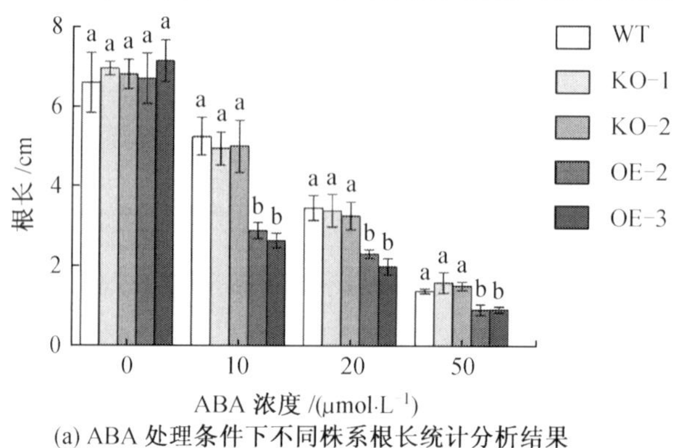

(a) ABA 处理条件下不同株系根长统计分析结果

图 3.11　ABA、NaCl 和甘露醇对植物根长和鲜重的影响

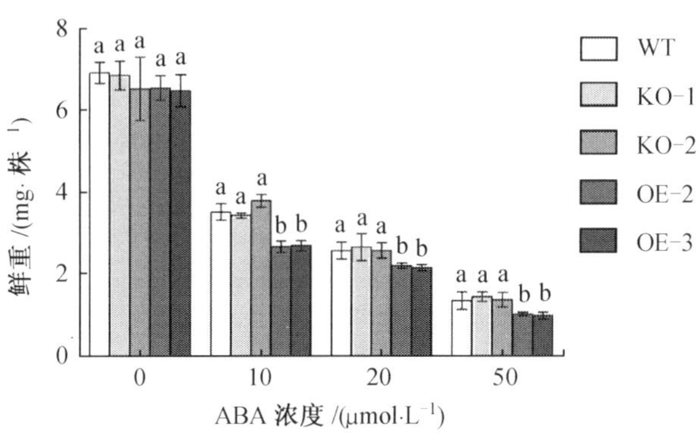

(b) ABA 处理条件下不同株系鲜重统计分析结果

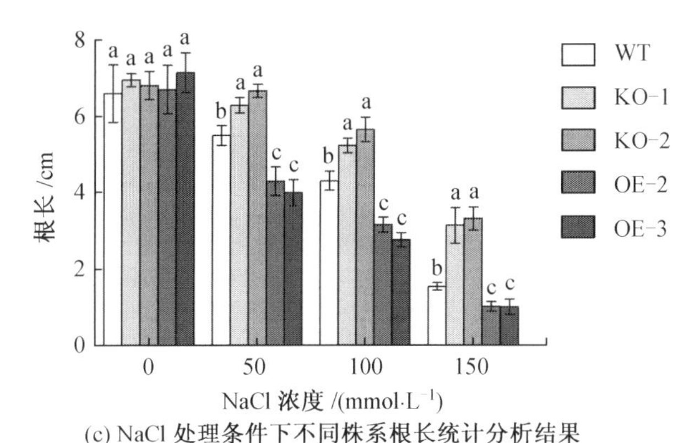

(c) NaCl 处理条件下不同株系根长统计分析结果

(d) NaCl 处理条件下不同株系鲜重统计分析结果

续图 3.11

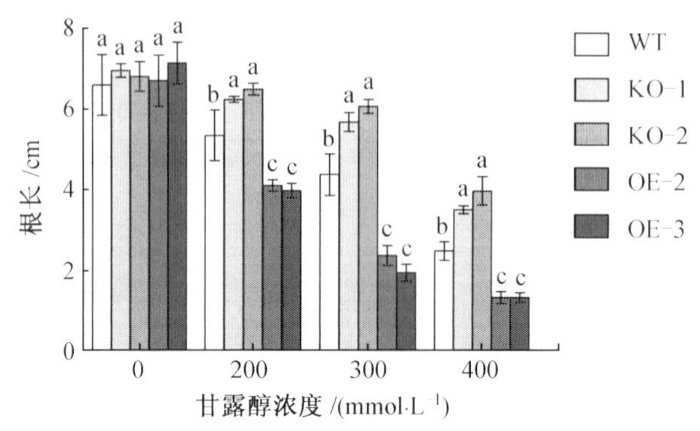

(e) 甘露醇处理条件下不同株系根长统计分析结果

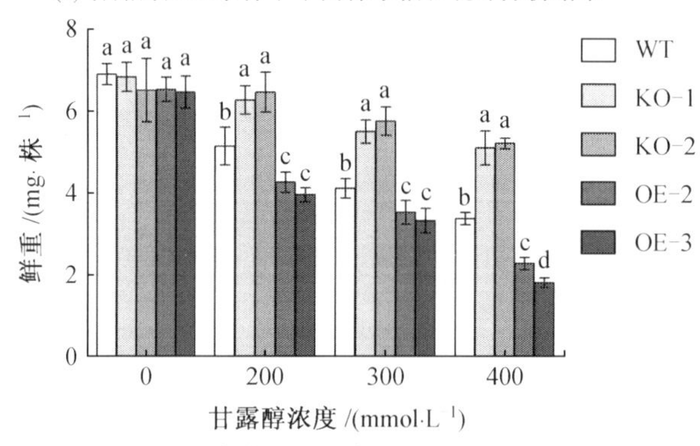

(f) 甘露醇处理条件下不同株系根长统计分析结果

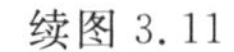

续图 3.11

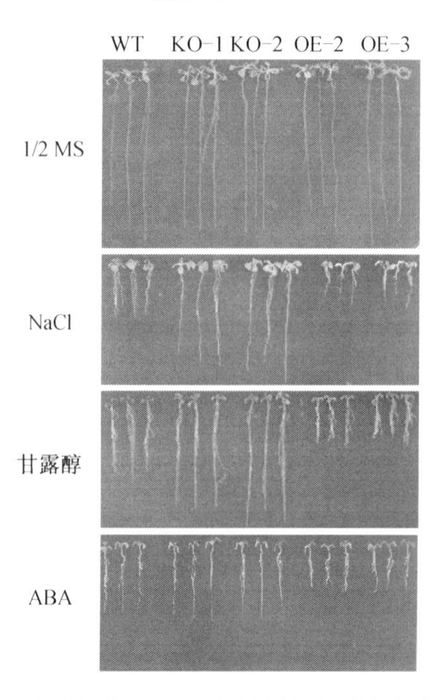

图 3.12　ABA、NaCl 和甘露醇处理下条件根长表型

示，在 NaCl 和甘露醇处理的各个浓度下，突变体株系均表现出显著高于野生型的根长和鲜重（$P<0.05$）。ABA 处理条件下，突变体株系和野生型株系的根长和鲜重未发现明显差异，而过表达株系较前两者相比根长和鲜重显著降低，说明过表达株系对 ABA 高度敏感。

3. 土壤苗的存活率试验

分别用水（对照）、ABA、NaCl 和甘露醇处理 4 周大小的野生型、过表达（OE－3）和突变体（KO－2）株系的土壤苗，处理后的第 10 天照相观察，然后将植物置于正常条件下生长复苏，复苏 4 天后统计存活率。每个株系每种处理包含 40～50 株植物，试验进行 3 次独立的生物学重复，结果如图 3.13 所示，过表达株系经 NaCl 和甘露醇处理后，大部分叶子枯黄发白，一些植株萎蔫致死，其最终存活率显著低于野生型和突变体株系（$P<0.05$），这与前面的萌发率、根长和鲜重试验结果是一致的，即过表达株系对 NaCl 和甘露醇高度敏感。与之相反，突变体株系对 NaCl 和甘露醇表现出一定的耐受性，其生长状态和存活率都好于野生型株系。ABA 处理后，过表达株系存活率显著降低，而突变体和野生型株系未见明显差异。

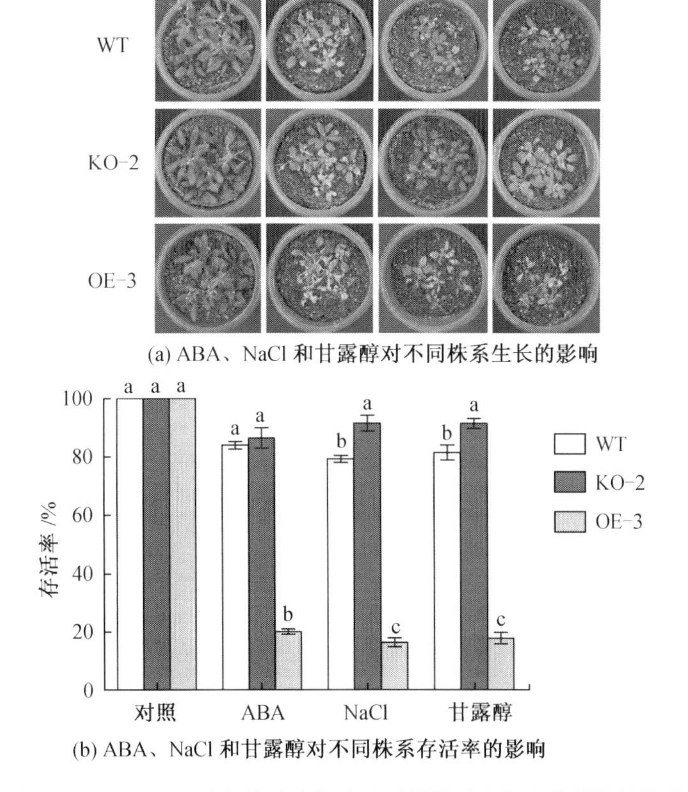

(a) ABA、NaCl 和甘露醇对不同株系生长的影响

(b) ABA、NaCl 和甘露醇对不同株系存活率的影响

图 3.13　ABA、NaCl 和甘露醇胁迫对不同株系生长和存活率的影响

3.3.5　非生物胁迫下不同株系中 ROS 水平和细胞死亡情况

分别用 ABA、NaCl 和甘露醇处理 4 周大小的野生型、过表达和突变体株系的土壤苗，利用 DAB 染色检测不同株系细胞中 O_2^- 的含量，利用 NBT 染色分析不同株系细胞中 H_2O_2 的含量，利用伊文斯蓝染色研究细胞的死亡情况，以 $H_2DCF-DA$ 作为荧光探针，检测不同株系保卫细胞中的 H_2O_2 含量，DAB 和 NBT 的染色结果如图 3.14 所示。NaCl 和甘露醇处理后，与过表达和野生型株系的染色状态相比，突变体株系的颜色要浅许多，说明突变体株系的细胞中 O_2^- 和 H_2O_2 的含量很低，而过表达株系的染色深于野生型和突变体株系，说明过表达株系中 O_2^- 和 H_2O_2 含量最高。同样，分析 NaCl 和甘露醇处理条件下保卫细胞中 H_2O_2 的含量时发现，过表达株系保卫细胞中的 H_2O_2 含量明显高于另外两个株系，突变体株系保卫细胞中 H_2O_2 含量最低。NaCl 和甘露醇处理条件下，伊文斯蓝染色结果显示突变体株系的染色最弱，说明其叶片组织内细胞的死亡率最低；相反，过表达株系染色最深，说明过表达株系叶片组织内细胞的死亡率最高。在 ABA

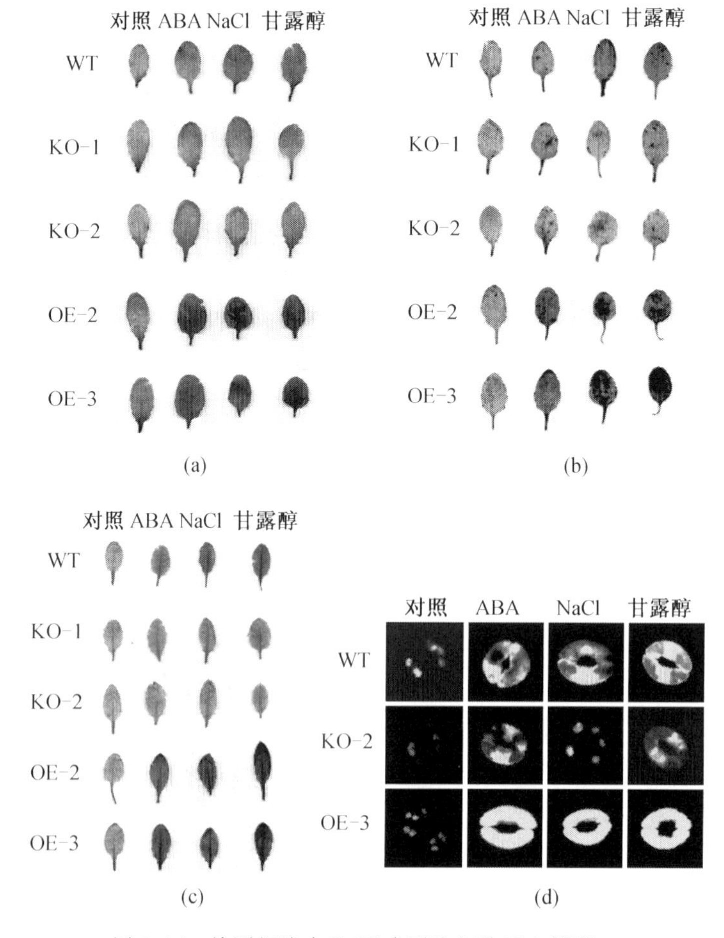

图 3.14　检测细胞中 ROS 水平和细胞死亡情况

(a)DAB 染色；(b)NBT 染色；(c)伊文斯蓝染色；(d)$H_2DCF-DA$ 染色

处理条件下，无论是 DAB、NBT、伊文斯蓝，还是 $H_2DCF-DA$ 染色，突变体株系与野生型株系相比均没有表现出明显差异，而过表达株系与其他两个株系相比则表现出最高的 ROS 水平和细胞死亡率，进一步证实了过表达株系对 ABA 高度敏感。

3.3.6 *ANAC069* 的生理学角色

通过前面比较不同株系在 NaCl 和甘露醇处理条件下体内的 ROS 水平，发现逆境条件下 *ANAC*069 的转录水平与植物细胞中 ROS 的含量呈正相关，即在转录水平最高的 *ANAC*069 过表达株系中 O_2^- 和 H_2O_2 含量也最高。为了研究 *ANAC*069 与植物体内其他逆境相关生理指标的关系，进行了生理指标试验。在生理指标试验中分别对非生物胁迫下不同株系体内 SOD、POD、GST 活性和 MDA、脯氨酸含量，以及电解质渗出率和失水率进行测定。

1. SOD、POD 和 GST 活性比较

如图 3.15 所示，在 NaCl 和甘露醇处理条件下，突变体株系中 GST、SOD 和 POD 的活性均显著高于野生型株系，而过表达株系中 GST、SOD 和 POD 活性却显著低于野生型株系（$P<0.05$），这说明 NaCl 和甘露醇条件下 *ANAC*069 的转录水平与植物体内 GST、SOD 和 POD 活性呈负相关。ABA 处理条件下，过表达株系体内 GST、SOD 和 POD 的活性显著低于野生型和突变体株系，突变体株系中 SOD 和 POD 活性与野生型株系无明显差异，突变体株系中 GST 活性显著提高（$P<0.05$）。值得注意的是，即使在正

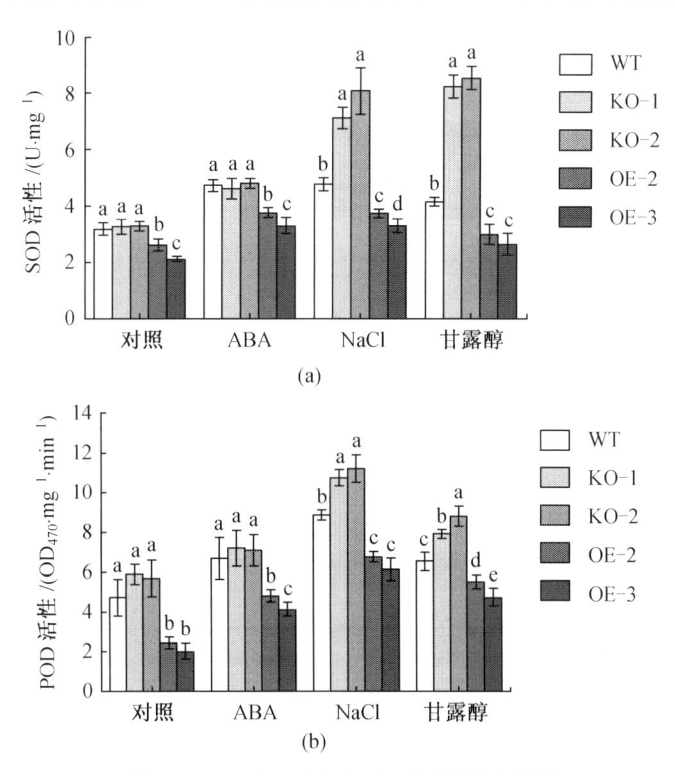

图 3.15 SOD、POD 和 GST 活性测定结果

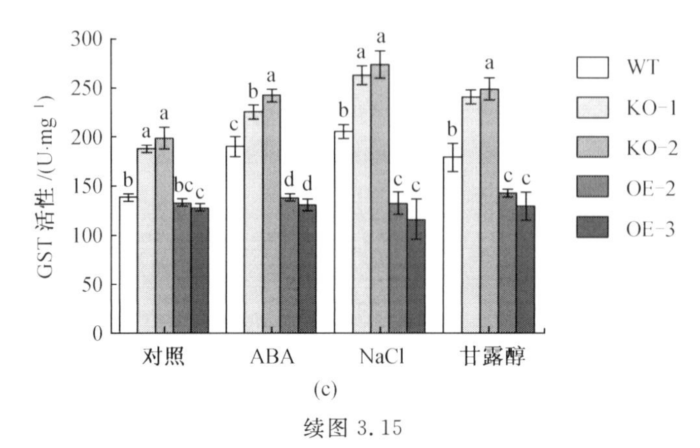

(c)

续图 3.15

常条件下，突变体株系中 GST 的活性也显著高于野生型和过表达株系，过表达株系中 SOD 和 POD 活性显著低于野生型和突变体株系。

2. MDA 和脯氨酸含量测定结果

MDA 含量分析表明，NaCl 和甘露醇处理后，突变体株系 MDA 含量最低，然后是野生型株系，过表达株系 MDA 含量最高（$P<0.05$）。ABA 处理条件下，过表达株系的 MDA 含量最高，野生型和突变体株系差异不大。脯氨酸含量分析显示，正常条件下野生型、过表达和突变体株系中的脯氨酸含量无太大差异，经 ABA 处理后，野生型和突变体株系显示出了相似的脯氨酸水平，而过表达株系脯氨酸含量降低。NaCl 和甘露醇处理条件下，突变体株系内脯氨酸含量最高，然后是野生型株系，过表达株系的脯氨酸含量最低(图 3.16)。

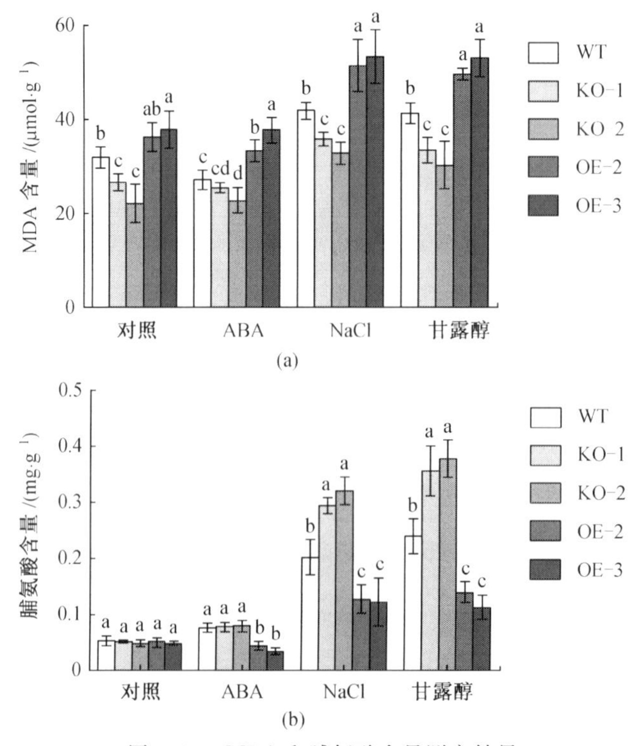

图 3.16　MDA 和脯氨酸含量测定结果

3. 电解质渗出率和失水率测定结果

电解质渗出率和失水率测定结果如图3.17所示，正常生长条件下，野生型、过表达和突变体株系中的电解质渗出率无明显差别，但在NaCl和甘露醇处理条件下，过表达株系的电解质渗出率显著高于野生型株系，突变体株系的电解质渗出率显著低于野生型株系；ABA处理后，突变体株系的电解质渗出率仍显著低于野生型株系，过表达株系OE－3的电解质渗出率显著高于野生型株系（$P<0.05$）。

失水率试验表明，脱水条件下过表达株系的失水率最高，保水能力最差，突变体株系比野生型株系具备略高的保水能力（图3.17），说明*ANAC*069基因在植物抵御失水反应中充当一个负面的角色。

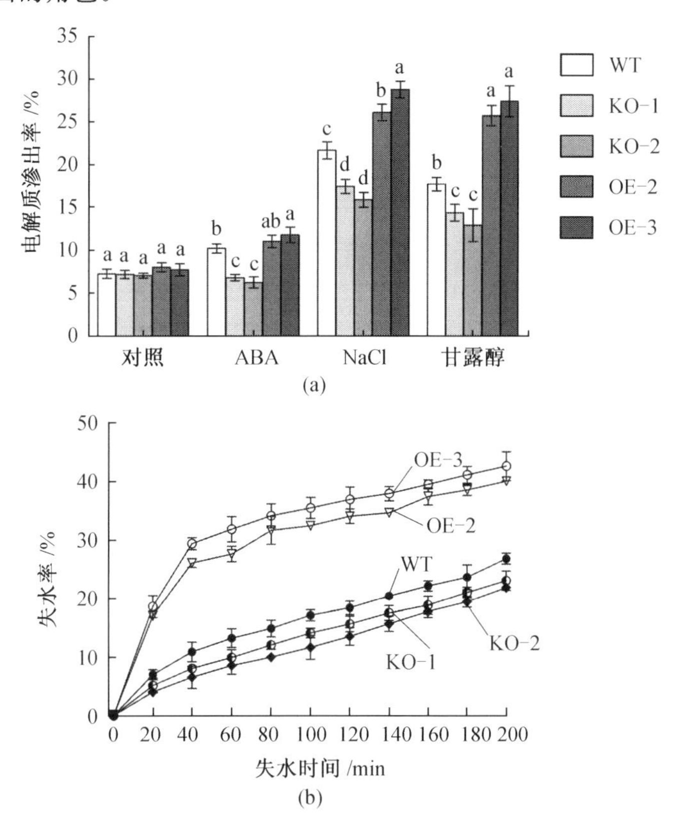

图3.17　电解质渗出率和失水率测定结果

3.3.7　逆境反应相关基因在不同株系中的差异表达

因为非生物胁迫条件下突变体株系、野生型株系和过表达株系中的GST、POD、SOD活性以及脯氨酸含量显著不同，所以通过试验进一步来研究不同株系中*GST*、*POD*、*SOD*基因以及脯氨酸代谢相关基因*P5CS*的表达情况。从Tair网上找到9个*SOD*基因、10个*POD*基因、7个*GST*基因和2个*P5CS*基因，这些基因均被证实与SOD、POD、GST活性以及脯氨酸合成相关。利用实时定量PCR分别在水（对照）、ABA、NaCl和甘露醇处理下研究这些基因在不同株系中的表达情况。

1. 非生物胁迫下 *SOD*、*POD* 和 *GST* 基因在不同株系中的表达

非生物胁迫下 *SOD*、*POD* 和 *GST* 基因在不同株系中的表达比较如图 3.18 所示，正常生长条件下，突变体中 *SOD* 基因和 *POD* 基因的表达量与野生型相当或略高于野生型；大部分 *SOD* 基因和 *POD* 基因在过表达量株系中的表达量与野生型相当，一些 *SOD* 基因和 *POD* 基因在过表达株系中的表达量显著低于野生型，如 *SOD*1、*SOD*4、*SOD*5 和 *POD*1、*POD*3、*POD*10；突变体株系中一些 *GST* 基因表达量显著高于野生型，如 *GST*1、*GST*2、*GST*5 和 *GST*7；过表达株系中 *GST* 基因的表达量在正常条件下与野生型无差异。与正常条件下相似，ABA 处理后，突变体中 *SOD* 基因和 *POD* 基因的表达量与野生型相当或略高于野生型，而突变体中 *GST*1、*GST*3、*GST*6 和 *GST*7 基因的表达量显著高于野生型；不同的是大部分 *SOD*、*POD* 和 *GST* 基因在过表达株系中的表达量与野生型相比显著降低，如 *SOD*1～5，*SOD*7～9，*POD*1～3，*POD*8～10，*GST*1～3，*GST*6 和 *GST*7。NaCl 和甘露醇处理后，以野生型中基因表达量为参照，一些 *SOD*(1、4、5、8)、*POD*(1、2、3、9、10)和 *GST*(1、3、6、7)基因的表达量在突变体株系中显著升高，同时在过表达株系中显著降低。说明这些基因与 *ANAC*069 的表达水平呈负相关，直接受 *ANAC*069 负调控。

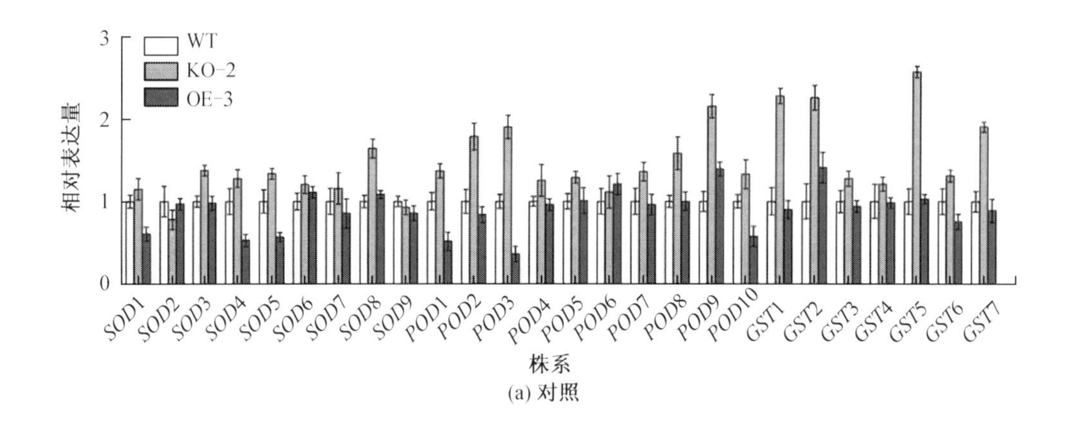

(a) 对照

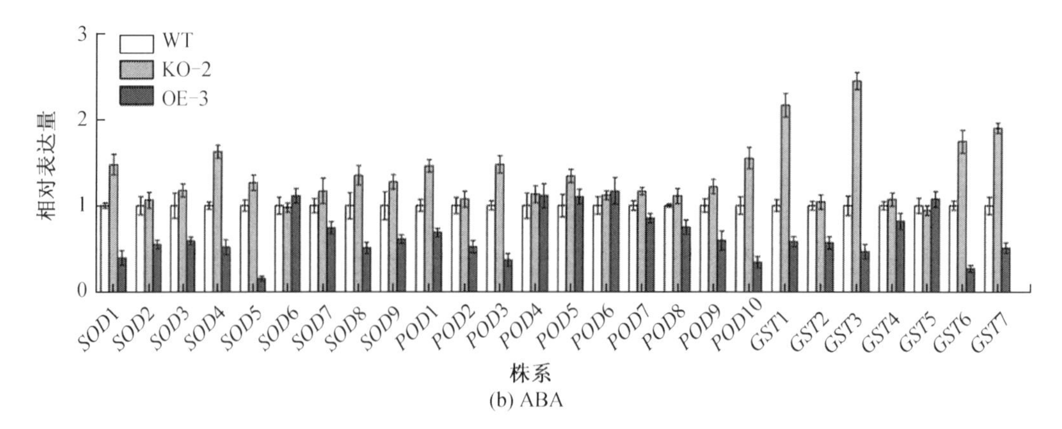

(b) ABA

图 3.18　非生物胁迫下 *SOD*、*POD* 和 *GST* 基因在不同株系中的表达比较

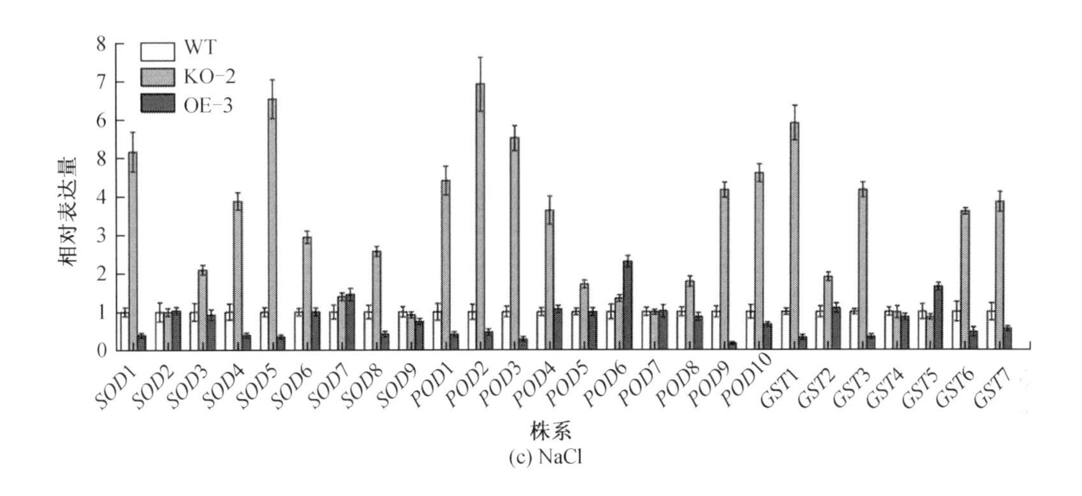

(c) NaCl

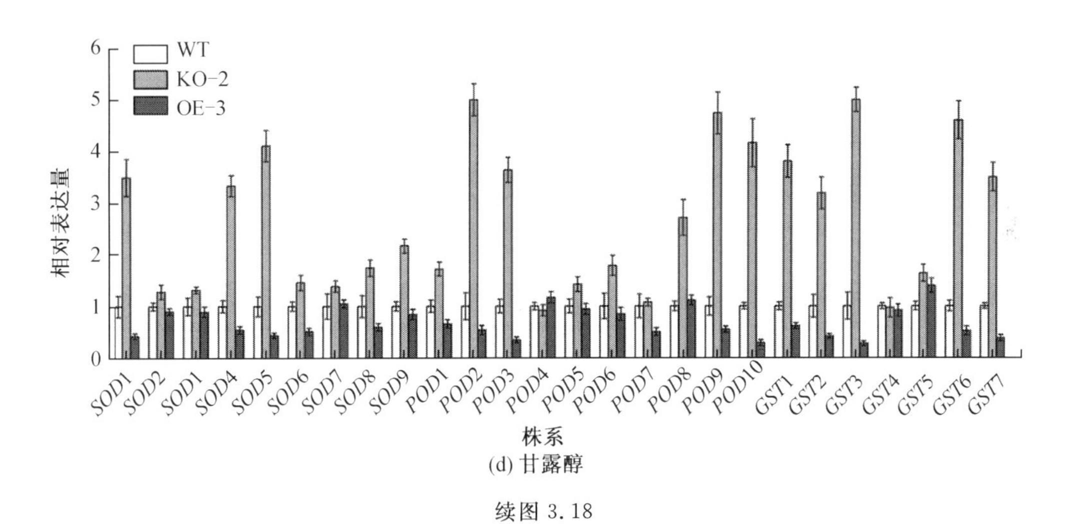

(d) 甘露醇

续图 3.18

2. 非生物胁迫下 *P5CS* 基因在不同株系中的表达

如图 3.19 所示，NaCl 和甘露醇处理条件下突变体株系中 *P5CS2* 的表达量最高，然后是野生型株系，过表达株系最低；ABA 处理条件下，*P5CS2* 在过表达株系中的表达量降低，而突变体和野生型株系中的变化不大，这与脯氨酸的含量是完全一致的。ABA 和 NaCl 处理后，*P5CS1* 基因在过表达株系中表达量最低，突变体和野生型株系中差异不显著；甘露醇处理条件下，*P5CS1* 基因在过表达株系中的表达量最低，然后是突变体株系，在野生型株系中表达量最高。

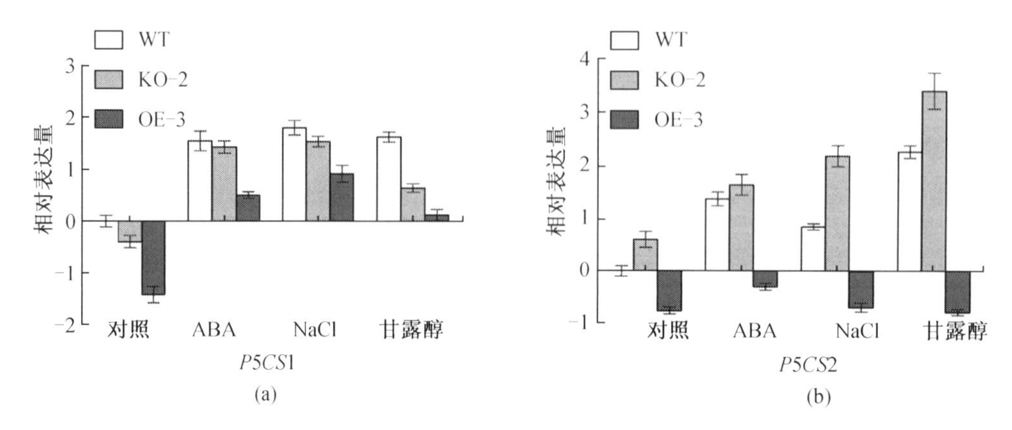

图 3.19　野生型、过表达和突变体株系中 *P5CS* 基因的表达比较

3.4　本章讨论

3.4.1　*ANAC069* 过表达株系对非生物胁迫高度敏感

2011 年 Park 等的研究显示，过表达 *ANAC069* 基因 ΔC 片段（去掉 C 端跨膜区）的转基因株系表现出了矮化的表型，而过表达全长基因的转基因株系表型和野生型株系相比无差异，因此他们认为 ANAC069 蛋白的膜释放对于其发挥活性是至关重要的。本研究发现正常生长条件下，过表达 *ANAC069* 全长基因的株系、野生型株系和突变体株系表型上无差异；用 ABA、NaCl 和甘露醇处理后，与野生型和突变体相比，过表达 *ANAC069* 全长基因的株系萌发率、根长、鲜重和土壤苗的存活率显著降低（图 3.10～3.13），说明 ABA、NaCl 和甘露醇等非生物胁迫能够诱使 ANAC069 从膜上释放，进入细胞核中，发挥其转录因子活性，参与到整个逆境调控网络中。因此可以用 *ANAC069* 的全长基因来研究植物的逆境响应。本研究以 *ANAC069* 全长基因过表达株系、野生型株系和突变体株系为材料，分别对 ABA、NaCl 和甘露醇处理条件下三种株系的萌发率、根长、鲜重和土壤苗存活率进行了统计分析和表型观察，结果显示 *ANAC069* 过表达株系在非生物胁迫条件下萌发率、根长、鲜重和存活率显著低于野生型株系，说明过表达株系对非生物胁迫高度敏感；与之相反，NaCl 和甘露醇处理后，突变体株系的各种测量指标均高于野生型株系，说明突变体株系具有一定的耐盐性和耐旱性。因此，认为 *ANAC069* 基因在拟南芥非生物胁迫调控网络中充当一个负面的角色，该基因的适量表达能够提高植物对外界刺激的敏感性，使植物积极做出逆境响应，但是当该基因的表达量超出一定范围就会过犹不及，对植物造成危害。

3.4.2　*ANAC069* 基因是拟南芥活性氧防御系统中的负调节因子

非生物胁迫在植物体内产生一系列的生理生化反应，对植物的生长发育产生不利影响，其危害之一是积累大量活性氧（Reaction Oxygen Species，ROS）。植物体内活性氧类物质包括超氧阴离子（O_2^-）、过氧化氢（H_2O_2）、过氧化自由基（ROO·）和活性很强的羟基自由基(OH·)等。正常生长条件下,ROS 的产生与清除保持动态平衡,不会对植物造成伤害;非生物胁迫条件下这种平衡被打破,植物体内积累大量的活性氧,使细胞膜脂发生过氧化反应,导致膜系统损伤和细胞氧化,从而对植物造成损伤。逆境条件下植物体内活性氧含量可以用组织染色法(*DAB* 和 *NBT* 等)和荧光染色法(H_2DCF－DA)进行研究。DAB 染色法是通过叶片渗透 DAB 来定位过氧化氢的一种组织染色方法。过氧化氢在过氧化物酶的催化作用下能与 DAB 迅速反应生成棕色化合物,因此可以通过生成棕色化合物的部位以及深浅来定位组织中的过氧化氢。NBT 在光下有还原作用,被超氧阴离子 O_2^- 氧化生成蓝色的甲脎,光还原反应后,反应液蓝色越深,说明细胞中所含 O_2^- 越多。H_2DCF－DA 本身没有荧光,可以自由穿过细胞膜,进入细胞内后,可以被细胞内的酯酶水解生成 DCFH。DCFH 不能通过细胞膜,从而使探针很容易被装载到细胞内。细胞内的活性氧可以氧化无荧光的 DCFH 生成有荧光的 DCF。检测 DCF 的荧光就可以知道细胞内活性氧的水平。本研究利用 DAB 和 NBT 组织染色对非生物胁迫下不同株系内 H_2O_2 和 O_2^- 的含量进行分析,结果发现非生物胁迫后过表达株系内 H_2O_2 和 O_2^- 的含量最高,说明其受损程度最严重;ABA 处理条件下,突变体株系和野生型株系体内活性氧含量未见差异;NaCl 和甘露醇处理以后,突变体的 2 个株系着色较野生型和过表达株系弱,表明其细胞受损程度比其他株系轻(图 3.14(a)、(b))。利用 H_2DCF－DA 探针来检测不同胁迫条件下不同株系保卫细胞中的活性氧水平,结果与组织染色一致,即 NaCl 和甘露醇胁迫后过表达株系中活性氧含量最高,其次是野生型,最后是突变体株系;ABA 处理条件下,过表达株系中活性氧含量高于其他株系,而突变体株系和野生型株系未见差异(图 3.14(d))。

为了降低逆境条件下活性氧的危害,植物在进化过程中衍生出了一套活性氧清除系统,从而维持细胞内活性氧含量处于平衡状态。SOD 和 POD 在活性氧清除系统中发挥着重要的作用,它们的活性是植物抗逆的重要指标。SOD 可以催化 O_2^- 发生歧化反应生成 H_2O_2 和 O_2,POD 可以清除 H_2O_2 并将其分解为 O_2 和 H_2O。本研究通过对非生物胁迫下 *ANAC*069 过表达株系、突变体株系和野生型株系中的 SOD 和 POD 活性进行测定,比较不同株系的抗逆能力。结果表明,无论是正常条件下还是非生物胁迫处理条件下,过表达株系中 POD 和 SOD 的活性均显著低于野生型和突变体株系;正常条件和 ABA 处理后,突变体株系和野生型株系的 POD 和 SOD 活性无明显差异;NaCl 和甘露醇处理后,突变体株系中 SOD 和 POD 活性显著高于野生型和过表达株系(图 3.15)。由此可见,*ANAC*069 突变体株系的耐盐和耐旱能力得到了提高,而过表达株系则对外界刺激表现得非常敏感。

综上,NaCl 和甘露醇处理下,*ANAC*069 过表达株系中活性氧含量最高,POD 和 SOD 酶活性最低;与之相反,突变体株系中活性氧含量最低,POD 和 SOD 活性最高,说明拟南芥在响应盐和旱过程中,*ANAC*069 基因的表达与细胞内的 ROS 水平呈正相关,该基因是拟南芥 ROS 防御系统中的负调节因子。为了进一步研究 *ANAC*069 的表达水平是否与 ROS 清除系统中相关酶合成基因的表达水平相关,通过对 10 个 *POD* 基因和 9 个 *SOD* 基因在不同株系中的表达分析,发现非生物胁迫后,与野生型株系相比,过表达株系中大部分 *POD* 和 *SOD* 基因的表达下调,而突变体株系则上调(图 3.18),结合前面非生物胁迫下不同株系的萌发率、根长、鲜重和存活率的分析结果，断定 *ANAC069* 基因是植物抗非生物胁迫反应中的一个负调节因子，其表达导致拟南芥对非生物胁迫的敏感性提高。此外，在研究过程中注意到过表达株系对 ABA 高度敏感，而野生型和突变体株系在 ABA 处理后表型、生化染色和生理指标均无显著差异，这表明一定水平 ANAC069 蛋白的含量变化并不影响植物对 ABA 的敏感性，当 ANAC069 蛋白含量积累到一定水平后，才开始发挥负调节因子的作用。

3.4.3 *ANAC069* 通过抑制 *P5CS* 基因表达来减少植物体内脯氨酸积累

植物在逆境条件下体内能够积累大量脯氨酸，脯氨酸是一种渗透性物质，可以调节细胞质的渗透势，维持细胞与环境的渗透平衡，稳定生物大分子的结构，降低细胞酸性，维持光合作用。有学者把逆境胁迫条件下植物体内脯氨酸含量作为评价植物抗逆性的重要生理指标，因此逆境条件下不同株系体内脯氨酸含量的研究可以用于评价植物的抗逆能力。目前拟南芥中脯氨酸合成酶基因包括 *P5CS1*（*AT2G39800*）和 *P5CS2*（*AT3G55610*）两个同系物，在植物初生代谢和逆境防御反应中这两个基因有不同的表达模式和功能。本研究显示，与野生型和突变体株系相比，逆境条件下 *P5CS1* 和 *P5CS2* 基因在过表达株系中表达水平最低，而脯氨酸含量在过表达株系中也最低。本研究发现 NaCl 和甘露醇处理条件下突变体株系中脯氨酸含量比野生型高，突变体株系中 *P5CS2* 基因的表达量也比野生型株系高，但是 *P5CS1* 基因的表达量与野生型株系相当或低于野生型株系（图 3.19），说明非生物胁迫反应中 *P5CS2* 与脯氨酸水平密切相关，*P5CS2* 较 *P5CS1* 相比，很有可能在 *ANAC069* 所参与的逆境反应中充当更重要的角色。

3.4.4 非生物胁迫下不同株系的质膜损伤研究

质膜是细胞与环境之间的界面，各种非生物胁迫对细胞的影响首先作用于质膜，通常表现为膜系统选择透性功能下降，电解质和某些小分子有机物质大量渗漏，从而引起电解质渗出率的上升。因此，常常把测定电解质渗出率的方法作为鉴定植物抗逆能力的一个指标。MDA 是细胞膜脂过氧化反应的重要产物，通常以 MDA 含量作为膜脂过氧化反应的主要指标，MDA 含量能够体现细胞膜被破坏的程度。质膜研究的另一种方法是组织染色法，正常活细胞细胞膜结构完整，具有选择透过性，能够排斥伊文思蓝，使其无法进入细胞内；逆境条件下质膜受损，通透性增加，细胞可被伊文思蓝染成蓝色，通过染色的深浅判断细胞质膜的受损程度。本研究在非生物胁迫条件下分别对 *ANAC069* 过表达、野生型和突变体株系的 MDA 含量、电解质渗出率进行测定，利用伊文斯蓝染色分析不同株系在非生物胁迫下的细胞死亡情况。研究结果显示，非生物胁迫条件下过表达株系的 MDA 含量和电解质渗出率均高于野生型和突变体株系（图 3.16 和图 3.17），伊文斯蓝染色深于野生型和突变体株系（图 3.14(c)），说明非生物胁迫对过表达株系的质膜损伤最为严重。突变体株系在 NaCl 和甘露醇处理条件下，MDA 含量和电解质渗出率较野生型株系低，伊文斯蓝染色显示突变体株系染色最浅，说明 NaCl 和甘露醇对突变体株系的质膜损伤最轻，突变体株系对 NaCl 和甘露醇具有一定的抗性。通过对逆境条件下不同株系质膜损伤程度的研究，进一步证实了 *ANAC069* 是植物逆境反应中的负调节因子。

3.5 本章小结

本研究通过构建植物表达载体pROKⅡ-*ANAC*069，以浸花法转入拟南芥，使*ANAC*069基因在转基因株系中过表达，对转化植株进行DNA水平上的PCR检测，初步证明转基因成功。从拟南芥生物资源中心购买*ANAC*069突变体，用双引物法进行筛选，鉴定出纯合体。利用实时定量PCR进一步分析*ANAC*069在野生型、过表达和突变体株系中的转录水平。为了研究*ANAC*069基因在非生物胁迫中的功能，分别在ABA、NaCl和甘露醇处理条件下对野生型、过表达和突变体株系的萌发率、根长、鲜重和存活率进行统计分析，结果表明*ANAC*069过表达株系对ABA、NaCl和甘露醇高度敏感，*ANAC*069突变体株系对NaCl和甘露醇的耐受性提高，而突变体和野生型株系对ABA的敏感程度无显著差异。非生物胁迫下对不同株系进行DAB、NBT、伊文斯蓝和H_2DCF-DA染色进一步显示出过表达株系对非生物胁迫敏感，突变体株系对NaCl和甘露醇具有一定的抗性。非生物胁迫下的生理指标和实时定量PCR试验显示*ANAC*069的表达水平与脯氨酸含量和SOD、POD、GST活性呈负相关，与MDA含量呈正相关；*ANAC*069的转录水平与*SOD*、*POD*以及*GST*基因表达量呈负相关。电解质渗透试验显示NaCl和甘露醇处理条件下*ANAC*069过表达株系的电解质渗出率比野生型高，突变体株系的电解质渗出率较野生型低。失水率试验显示*ANAC*069过表达株系的保水能力最差。

第4章 拟南芥ANAC069转录因子互作蛋白的研究

4.1 试验材料

4.1.1 菌株和载体

酵母菌株Y2H、Y187，用于双杂交的拟南芥cDNA文库，酵母表达载体pGBKT7和pGADT7－Rec，均为东北林业大学遗传育种国家重点实验室保存。

4.1.2 主要试剂

In－Fusion Advantage PCR Cloning Kit、MatchmakerTM Gold Yeast Two－Hybrid System、X－α－Gal和Aureobasidin A(TaKaRa)；

限制性内切酶*Bam*HⅠ、*Eco*RⅠ和*Hin*dⅢ，购自Promega公司；

质粒提取试剂盒、胶回收试剂盒、PCR产物纯化试剂盒，均购自OMEGA公司；

酵母高纯度质粒小量快速提取试剂盒，购自北京盖宁生物公司；

氨基酸，购自BBI公司；

卡那霉素、氨苄霉素、二甲基亚砜(DMSO)和N，N－二甲基甲酰胺(DMF)，购自Sigma公司。

4.1.3 培养基

(1)YPDA培养基。

胰蛋白胨20 g/L；

酵母提取物10 g/L；

葡萄糖2%(质量分数)；

腺嘌呤0.003%(质量分数)；

固体培养基加琼脂粉20 g/L；

121 ℃高压灭菌15 min。

(2)SD/DO培养基。

酵母氮源(无氨基酸)6.7 g/L；

葡萄糖2%(质量分数)；

相应缺陷型的10×DO母液100 mL/L；

固体培养基加琼脂粉20 g/L；

121 ℃高压灭菌15 min。

根据加入 10×DO 母液缺陷型的不同可以配制成不同的 SD/DO 培养基。

DDO:SD/－Leu/－Trp;

TDO:SD/－Ade/－His/－Trp 或 SD/－Leu/－His/－Trp;

QDO:SD/－Ade/－His/－Leu/－Trp。

4.1.4　溶液配制

X－α－Gal 母液(20 mg/mL):用 DMF 溶解 X－α－Gal 粉末,－20 ℃避光保存。

山梨醇 Buffer:0.1 mol/L Na_2EDTA,0.1 mol/L 山梨醇,14 mmol/L β－巯基乙醇。

1.1× TE/LiAc:1.1× TE/LiAc 2.2 mL,10× TE 2.2 mL,用去离子水定容至 20 mL。

PEG/LiAc:50% PEG3350 16 mL,10×TE 2 mL,1 mol/L LiAc 2 mL。

4.2　试验方法

4.2.1　酵母双杂交 Bait 表达载体(pGBKT7－*ANAC069*)的构建

1. 带有载体同源序列的 *ANAC069* 基因的扩增

根据 *ANAC*069 基因的序列,设计构建 Bait 表达载体引物(表 4.1)。

以 pROKⅡ－*ANAC*069 质粒为模板,pGB－*ANAC*069－F 和 pGB－*ANAC*069－R 为引物,利用 PCR 的方法引入 pGBKT7 质粒线性化末端的同源互补序列。

表 4.1　构建 Bait 表达载体引物

引物名称	引物序列(5′－3′)
pGB－*ANAC*069－F	5′－CATGGAGGCCGAATTCATGGTGAAAGATCTGGTTGGGTATAG－3′
pGB－*ANAC*069－R	5′－GCAGGTCGACGGATCCCTATCTCTCGCGATCAAACTTCATC－3′

注:__为引入的 pGBKT7 质粒线性化末端的同源互补序列。

2. pGBKT7 质粒(Bait 载体)双酶切

用限制性内切酶 *Bam*HⅠ和 *Eco*RⅠ进行消化,酶切反应体系:

10 × Buffer E	2.0 μL
pGBKT7 质粒	1.0 μg
*Eco*RⅠ (12 U/μL)	1.0 uL
*Bam*HⅠ (10 U/μL)	1.0 μL
BSA	0.2 μL
超纯水补足体积至	20 μL

反应条件:37 ℃,7 h。

电泳检测双酶切结果，用胶回收试剂盒回收酶切后的质粒，电泳检测胶回收结果，测定浓度。

3. *ANAC069* 基因与 Bait 载体（双酶切后的 pGBKT7 质粒）的连接反应

反应体系：

5×In－Fusion HD Enzyme Premix	1.0 μL
*ANAC*069	150 ng
pGBKT7（*Bam*HⅠ、*Eco*RⅠ双酶切）	200 ng
超纯水补足体积至	5.0 μL

反应条件：37 ℃ 15～20 min，50 ℃ 15 min。

4. 连接产物的大肠杆菌转化和鉴定

取上述连接产物 2 μL 转化至大肠杆菌 Top10 感受态细胞，涂布于含卡那霉素（终质量浓度为 50 mg/L）的 LB 固体培养基上进行筛选，随机挑取单克隆振荡培养后，进行菌液 PCR，电泳检测为阳性的菌液保存菌种提取质粒，进行 PCR，阳性质粒送华大基因测序。测序结果比对正确的质粒命名为 pGBKT7－*ANAC*069，保存备用。

4.2.2 Bait 蛋白的自激活及毒性检测

1. 酵母感受态细胞制备

（1）平板划线活化酵母菌种，挑取单克隆于 5 mL YPDA 液体培养基中，振荡培养过夜（30 ℃，250 r/min）；

（2）取 5 μL 培养物于 50 mL YPDA 液体培养基中，振荡培养 18 h 左右，至 OD_{600} 值达到 0.2～0.3；

（3）离心（700*g*，5 min，室温），沉淀酵母菌体，弃上清，用 100 mL YPDA 重新悬浮菌体，振荡培养至 OD_{600} 值达到 0.4～0.5；

（4）培养物分装到两支 30 mL 的无菌离心管中，离心（700*g*，5 min，室温），弃上清，用 30 mL 无菌去离子水重悬菌体；

（5）离心，沉淀菌体，弃上清，用 1.5 mL 的 1.1×TE/LiAc 重悬菌体，悬浮液分装至两支 1.5 mL 离心管中；

（6）高速离心 15 s，弃上清，用 600 μL 的 1.1×TE/LiAc 重悬菌体，感受态细胞制备完成。

2. 酵母细胞的小量转化

（1）取两支预冷的 1.5 mL 离心管，按如下体系加入：

Y2H 感受态细胞	50 μL
pGBKT7－*ANAC*069（或 pGBKT7）	100 ng
变性鲱鱼精 DNA（10 μg/μL）	5 μL

轻柔混匀；

(2)向混合体系中加入500 μL PEG/LiAc,混匀,30 ℃水浴30 min(其间每隔10 min混匀一次);

(3)加入20 μL DMSO,混匀,42 ℃水浴15 min(其间每隔5 min混匀一次);

(4)高速离心15 s,弃上清,1 mL YPD Plus Medium重悬菌体;

(5)30 ℃、200 r/min振荡培养30 min;

(6)高速离心15 s,弃上清,1 mL 0.9% NaCl溶液重悬菌体;

(7)涂平板:分别取81 μL稀释10倍、100倍的菌液涂布于直径为90 mm的SD/－Trp和SD/－Ade/－His/－Trp/X－α－Gal培养基上,30 ℃倒置培养3～5天,检测毒性和Bait自激活活性。

4.2.3 ANAC069转录激活区的确定及用于双杂交的Bait片段的分析

1.重组pGBKT7载体的构建

为了找到ANAC069的转录激活区,通过PCR扩增的方式获得了ANAC069不同长度的缺失片段,1/435、1/338、1/288、1/272、289/458、273/458、249/458、182/458、182/435、182/383、182/367、182/352、200/435、215/435和234/435(数字代表氨基酸位数)构建到pGBKT7载体上,构建方法同4.2.1。载体引物见表4.2。

表4.2 构建重组pGBKT7载体引物

引物名称	引物序列(5′－3′)
1/435－F	5′－CATGGAGGCCGAATTCATGGTGAAAGATCTGGTTGGGTATAG－3′
1/435－R	5′－GC AGGTCGACGGATCCAGCCAGCAAGAGAATGAAGC－3′
1/338－F	5′－CATGGAGGCCGAATTCATGGTGAAAGATCTGGTTGGGTATAG－3′
1/338－R	5′－GC AGGTCGACGGATCCTCCACCAGTCTGGAGAAATTGTC－3′
1/288－F	5′－CATGGAGGCCGAATTCATGGTGAAAGATCTGGTTGGGTATAG－3′
1/288－R	5′－GC AGGTCGACGGATCCTGGCCTGTGATCGTTGCGGT－3′
1/272－F	5′－CATGGAGGCCGAATTCATGGTGAAAGATCTGGTTGGGTATAG－3′
1/272－R	5′－GC AGGTCGACGGATCCTATGAAATCTTCATTGGCAAAC－3′
289/458－F	5′－CATGGAGGCCGAATTCAAGAAGGCTTTGTCAGGGAT－3′
289/458－R	5′－GCAGGTCGACGGATCCCTATCTCTCGCGATCAAACTTCATC－3′
273/458－F	5′－CATGGAGGCCGAATTCTCCAGACCAACCTTATCTATGAC－3′
273/458－R	5′－GCAGGTCGACGGATCCCTATCTCTCGCGATCAAACTTCATC－3′
249/458－F	5′－CATGGAGGCCGAATTCGAGTTTCTCGGTGGATTGAG－3′
249/458－R	5′－GCAGGTCGACGGATCCCTATCTCTCGCGATCAAACTTCATC－3′
182/458－F	5′－CATGGAGGCCGAATTCGCTACGAGTCCCACAGCGC－3′
182/458－R	5′－GCAGGTCGACGGATCCCTATCTCTCGCGATCAAACTTCATC－3′
182/435－F	5′－CATGGAGGCCGAATTCGCTACGAGTCCCACAGCGC－3′

续表4.2

引物名称	引物序列(5′—3′)
182/435—R	5′—GC AGGTCGACGGATCCAGCCAGCAAGAGAATGAAGC—3′
182/383—F	5′—CATGGAGGCCGAATTCGCTACGAGTCCCACAGCGC—3′
182/383—R	5′—GC AGGTCGACGGATCCCGCTCTTGATGTATCTTGTTTC—3′
182/367—F	5′—CATGGAGGCCGAATTCGCTACGAGTCCCACAGCGC—3′
182/367—R	5′—GC AGGTCGACGGATCCTCGTGTGAGTTGAGATTGC—3′
182/352—F	5′—CATGGAGGCCGAATTCGCTACGAGTCCCACAGCGC—3′
182/352—R	5′—GC AGGTCGACGGATCCTCCATAGGTTTGTAGATCAT—3′
200/435—F	5′—CATGGAGGCCGAATTCGGTATGTCTGTGGATGATTTG—3′
200/435—R	5′—GC AGGTCGACGGATCCAGCCAGCAAGAGAATGAAGC—3′
215/435—F	5′—CATGGAGGCCGAATTCGATTTCTCTTTGTGGGATG—3′
215/435—R	5′—GC AGGTCGACGGATCCAGCCAGCAAGAGAATGAAGC—3′
234/435—F	5′—CATGGAGGCCGAATTCCCTACTGTGCATCCACAAGC—3′
234/435—R	5′—GC AGGTCGACGGATCCAGCCAGCAAGAGAATGAAGC—3′

注：__为引入的 pGBKT7 质粒线性化末端的同源互补序列。

2. 重组 pGBKT7 载体转化到酵母 Y2H 细胞中

将构建好的含不同缺失片段的 pGBKT7 重组载体转化到酵母细胞 Y2H 中，方法同 4.2.2，转化后的菌液涂布于 SD/—Trp/—His/—Ade/X—α—Gal/金担子素 A(AbA)平板上，30 ℃倒置培养 3～5 天，观察结果。

4.2.4　Bait 蛋白(pGBKT7—*ANAC*069ΔC1)筛选 cDNA 文库

(1)挑取直径为 2～3 mm 已转入诱饵载体 pGBKT7—*ANAC*069ΔC1 的 Y2H 单菌落于 50 mL SD/—Trp/Kan 液体培养基中，30 ℃、250 r/min 孵育 20 h，至 OD_{600} 值达到 0.8。

(2)1 000*g* 离心 5 min，沉淀菌体，4 mL SD/—Trp 液体培养基重悬菌体。

(3)从—80 ℃冰箱取出拟南芥 cDNA 文库(1 mL)，室温解冻。将文库菌株与 4 mL 含诱饵载体 pGBKT7—*ANAC*069ΔC1 的 Y2H 重悬细胞混合，转入 2 L 无菌三角瓶中，再加入 45 mL 2×YPDA/Kan 液体培养基，30 ℃、50 r/min 孵育 20～25 h。

(4)孵育 20 h 时，显微镜下观察是否有三叶草形态的细胞出现，若有则表明两种酵母菌已经开始交配，若没有则继续孵育。

(5)待出现三叶草形态细胞以后，将培养物转入离心管离心(室温，1 000*g*，10 min)，收集菌体。

(6)50 mL 2×YPDA/Kan 液体培养基洗涤三角瓶 2 次，离心收集菌体。

(7)用 10 mL 0.5×YPDA/Kan 液体培养基(卡那霉素终质量浓度为 50 mg/L)重悬

酵母菌体;取 81 μL 稀释 10 倍、100 倍、1 000 倍和 10 000 倍的杂交培养物分别涂布于 SD/－Trp、SD/－Leu 和 SD/－Leu/－Trp 培养基上。

(8)剩余的菌液涂布于 SD/－Leu/－Trp/－Ade/X－α－Gal/AbA(TDO/X/A)固体培养基上,30 ℃倒置培养 3～5 天。

(9)选取长势较壮的蓝色克隆点点于 SD/－Leu/－Trp/－Ade/－His/X－α－Gal/AbA(QDO/X/A)培养基上进行二次筛选。

4.2.5　候选 Prey 质粒的分离和鉴定

1. 候选 Prey 质粒的分离

(1)挑取 SD/－Leu/－Trp/－His/－Ade/X－α－Gal/AbA 培养基上的阳性菌落,于 SD/－Leu/－Trp/－His/－Ade 液体培养基中 30 ℃、250 r/min 振荡培养;

(2)提取酵母菌质粒,所得质粒为候选 Prey 质粒;

(3)候选 Prey 质粒 PCR。

以载体引物 M5′AD 和 M3′AD 为引物,对候选 Prey 质粒进行 PCR 检测。

反应体系:

候选 Prey 质粒	50 ng
10×Ex *Taq* Buffer	2.0 μL
dNTP Mix(10 mmol/L)	0.4 μL
M3′AD Primer(10 μmol/L)	1.0 μL
M5′AD Primer(10 μmol/L)	1.0 μL
Ex *Taq* (5 U/ μL)	0.25 μL
补 dd H_2O 至	20.0 μL

反应程序:94 ℃ 2 min;94 ℃ 30 s,58 ℃ 30 s,72 ℃ 2 min;72 ℃ 7 min;30 个循环。

取 5 μL PCR 产物于 1%琼脂糖凝胶电泳,检测插入片段长度。

2. 单一候选 Prey(pGADT7－Rec－AD/library)质粒的鉴定

将阳性候选 Prey 酵母质粒转化至大肠杆菌 Top10 感受态细胞,涂布于 LB 筛选平板(Amp 终质量浓度为 50 mg/L)上,37 ℃倒置培养过夜。然后挑取平板上的单菌落,于 LB(Amp＋)液体培养基中摇菌,进行菌液 PCR,产物于 1%琼脂糖凝胶电泳,将阳性克隆送至华大基因进行测序,对测序结果进行 BLAST 比对分析。

3. Bait 和 Prey 的互作验证

为了确定 Bait 与 Prey 的互作,进行载体互换验证,将钓取的 Pr1、5、19、27 分别构建到 pGBKT7 载体上,将原来的 Bait 片段 ANAC069ΔC1 构建到 pGADT7－Rec 载体上,构建方法同 4.2.1。将原来的 Bait 和 Prey 以及互换载体后的 Bait 和 Prey 分别共转化到酵母 Y2H 细胞中进行互作分析。以 pGADT7 分别和 pGBKT7－*ANAC*069ΔC1、pG-BKT7－Pr1、pGBKT7－Pr5、pGBKT7－Pr19 和 pGBKT7－Pr27(或者 pGBKT7 分别和

pGADT7－*ANAC*069ΔC1、pGADT7－Pr1、pGADT7－Pr5、pGADT7－Pr19 和 pGADT7－Pr27)共转化作为阴性对照。双杂交转化用质粒见表 4.3,具体方法同 4.2.2。

表 4.3　双杂交转化用质粒

Bait(100 ng)	Prey(100 ng)
pGBKT7－*ANAC*069ΔC1	pGADT7－Pr1
pGBKT7－*ANAC*069ΔC1	pGADT7－Pr5
pGBKT7－*ANAC*069ΔC1	pGADT7－Pr19
pGBKT7－*ANAC*069ΔC1	pGADT7－Pr27
pGBKT7－Pr1	pGADT7－*ANAC*069ΔC1
pGBKT7－Pr5	pGADT7－*ANAC*069ΔC1
pGBKT7－Pr19	pGADT7－*ANAC*069ΔC1
pGBKT7－Pr27	pGADT7－*ANAC*069ΔC1

取转化液 81 μL 稀释 10 倍、100 倍分别涂布于 SD/－Leu/－Trp 培养基(作为转化的对照)和 SD/－Leu/－Trp/－Ade/X－α－Gal/AbA 培养基上(初步筛选互作菌落),30 ℃倒置培养 3～5 天。挑取 DDO 固体培养基上的酵母菌落,在 DDO 液体培养基中 30 ℃振荡培养,直到菌液 OD_{600} 值达到 0.6～0.8。用水调节使 OD_{600} 值为 1.0,然后分别稀释 10、100、1 000 和 10 000 倍。将原液和不同稀释度的菌液各取 2 μL 点点于 SD/－Leu/－Trp/－Ade/－His/X－α－Gal/AbA 培养基上,30 ℃倒置培养 2～3 天。

4.3　结果与分析

4.3.1　Bait 表达载体(pGBKT7－*ANAC069*)的获得

以 pGB－*ANAC*069－F 和 pGB－*ANAC*069－R 为引物,对重组质粒 pGBKT7－*ANAC*069 进行质粒 PCR 检测,电泳检测结果如图 4.1 所示,目的条带与 *ANAC*069 基因片段大小一致(1 374 bp),表明 Bait 表达载体(pGBKT7－*ANAC*069)构建成功。

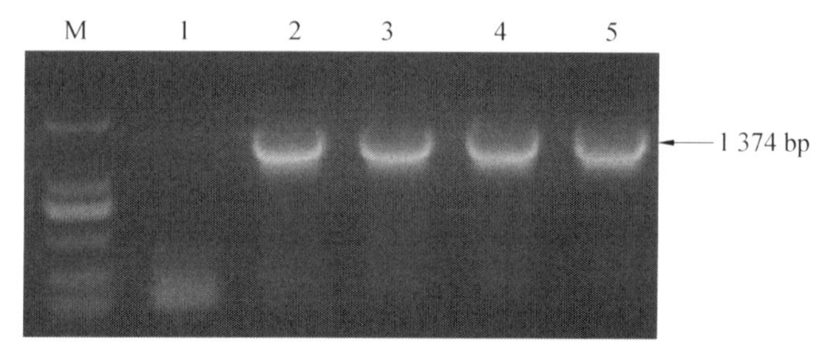

图 4.1　重组质粒 pGBKT7－*ANAC*069 的 PCR 鉴定

M. DNAMarker DL2000;1～4. pGBKT7－ANAC069 质粒 PCR 产物

4.3.2　Bait 蛋白无毒性，具有转录自激活活性

Y2H(pGBKT7)和 Y2H(pGBKT7－*ANAC*069)菌在 SD/－Trp 平板上的生长速度及数量没有差别，培养 3 天后菌落直径都可以达到 2 mm，说明 Bait 蛋白的表达对酵母细胞没有毒性。如表 4.4 所示，在 SD/－Trp/X－α－Gal 平板上，Y2H(pGBKT7)和 Y2H(pGBKT 7－*ANAC*069)都可以生长，Y2H(pGBKT7)菌斑为白色，而 Y2H(pGBKT7－*ANAC*069)菌斑为蓝色；在 SD/－Trp/X－α－Gal/AbA 平板上，Y2H(pGBKT7)无法生长，而 Y2H(pGBKT7－*ANAC*069)能正常生长(图 4.2)，说明 Y2H(pGBKT7－*ANAC*069)中报告基因被激活，Bait 蛋白(pGBKT7－*ANAC*069)在酵母体内存在自激活活性。

表 4.4　Bait **蛋白自激活及毒性检测**

筛选培养基	Y2H(pGBKT7)	Y2H(pGBKT7－*ANAC*069)
SD/－Trp	白色菌落	白色菌落
SD/－Trp/ X－α－Gal	白色菌落	蓝色菌落
SD/－Trp/X－α－Gal/AbA	无菌落	蓝色菌落

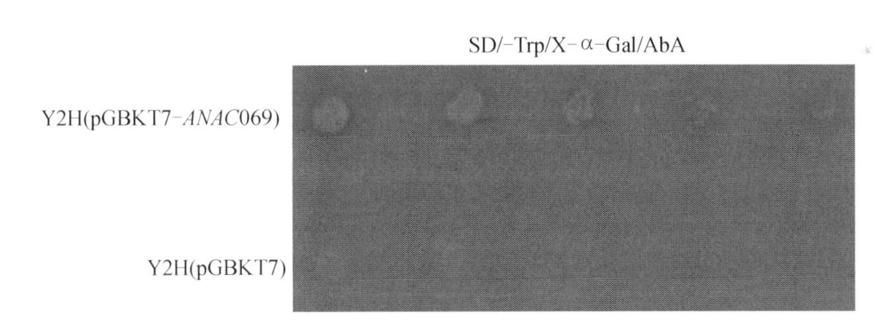

图 4.2　Bait 蛋白 ANAC069 的转录自激活分析

4.3.3　ANAC069 转录激活区和双杂交的 Bait 片段的确定

为了确定 ANAC069 的转录激活区，对 *ANAC*069 基因的开放读码框进行了一系列缺失处理，把不同长度片段分别构建到 pGBKT7 上，转化到酵母 Y2H 中，研究各个片段的转录激活活性。结果如图 4.3 所示，从图中能看到 *ANAC*069 全长和片段 1/435 具有转录激活活性，缺失 C 端的 1/338、1/288 和 1/272 转录激活活性丧失，选取片段 1/288 作为双杂交的 Bait 片段，以下简称为 ΔC1。为了找到转录激活区，从 N 端进行了 4 种缺失处理，研究 289/458、273/458、249/458 和 182/458 4 个片段的转录激活活性。结果 289/458、273/458 和 249/458 3 个片段无转录激活活性，而 182/458 具有转录激活活性。

综上，初步确定 *ANAC*069 的转录激活区位于第 182～435 个氨基酸。因此，将这一区域从两端进行一系列的缺失分析。如图 4.3 所示，当 C 端缺失到第 352 个氨基酸时片段 182/352 仍具有转录激活活性，而前面的研究片段 1/338 无转录激活活性，说明第 352

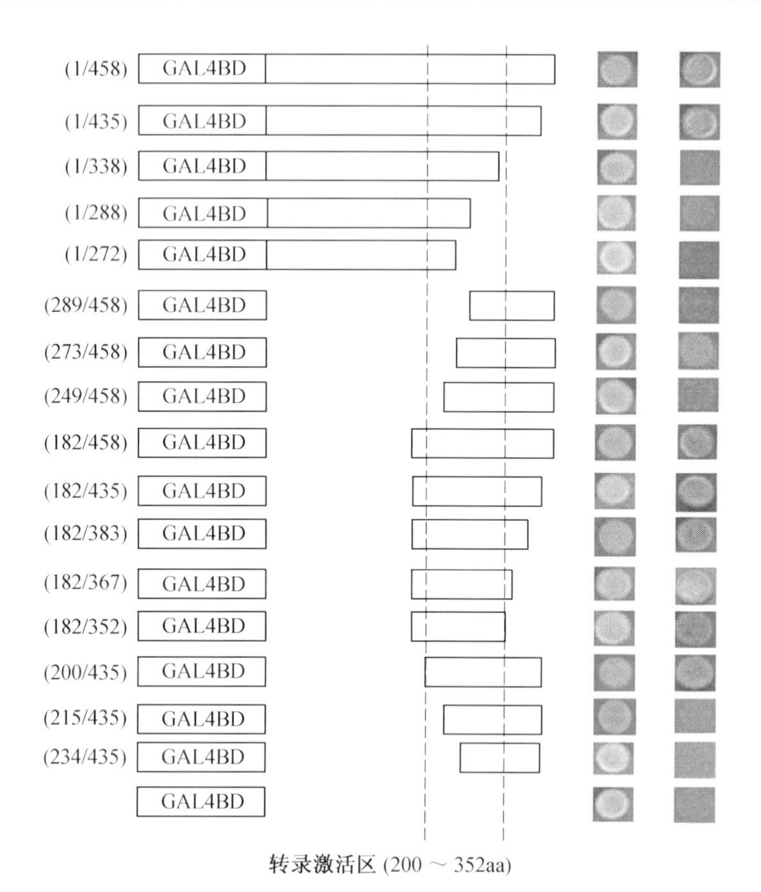

图 4.3 鉴定 *ANAC*069 的转录激活区

个氨基酸是 ANAC069 蛋白发挥转录激活功能的 C 端边界。片段 200/435 具有转录激活活性，而 215/435 无转录激活活性，表明第 200 个氨基酸是 ANAC069 蛋白发挥转录激活功能的 N 端边界。综上，确定出 ANAC069 蛋白发挥转录激活功能的最小转录激活区位于第 200～352 个氨基酸。

4.3.4 ANAC069 互作蛋白的筛选

将 Bait[Y2H(pGBKT7－*ANAC*069ΔC1)]与文库 Y187(library/AD)酵母菌杂交后，所得菌液涂布于 SD/－Leu/－His/－Trp/X－α－Gal/AbA 平板上，30 ℃倒置培养 3～5 天，获得 45 个呈蓝色的候选克隆，将其转移至 SD/－Leu/－His/－Trp/－Ade /X－α－Gal/AbA(QDO/X/A)平板上进行二次筛选(图 4.4)，培养 5 天后，选取 14 个生长旺盛的蓝色克隆，提取酵母质粒，将其转化至大肠杆菌 Top10 感受态细胞，于含有 Amp(终质量浓度为 50 mg/L)的 LB 平板上筛选得到阳性克隆，保存菌种并送样测序，测序结果经 Blastx 比对后发现 14 个与 Bait(pGBKT7－*ANAC*069ΔC1)互作的克隆包括 4 个蛋白，其编号分别为 Pr1、Pr5、Pr19、Pr27。其中，编号为 Pr1 的蛋白是拟南芥突触结合蛋白(synaptotagmin A, AT2G20990)，Pr5 是主要的乳胶相关蛋白(major latex protein-related, AT3G26450)，Pr19 是核糖体蛋白(structural constituent of ribosome, AT1G70600)，

Pr27是毛状体双折射蛋白23(protein trichome birefringence-like 23，AT4G11090)。

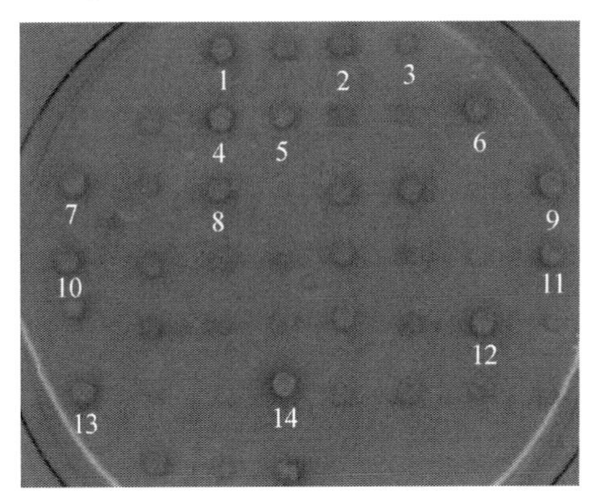

图4.4　QDO/X/A平板上的二次筛选

4.3.5　ANAC069互作蛋白的验证

1. Bati和Prey载体互换

为了验证互作的准确性，将Bait质粒与获得的4种Prey质粒中所含基因片段进行AD与BD的互换，构建互换载体pGBKT7－Pr1、pGBKT7－Pr5、pGBKT7－Pr19、pGBKT7－Pr27和pGADT7－*ANAC*069ΔC1，如图4.5所示。

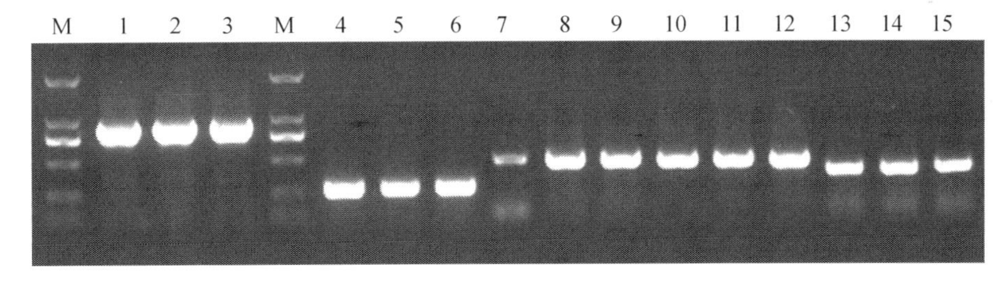

图4.5　重组质粒的PCR分析

M. DL2000 DNA Marker；1～3. pGADT7－*ANAC*069ΔC1质粒PCR产物；4～6. pGBKT7－Pr1质粒PCR产物；7～9. pGBKT7－Pr5质粒PCR产物；10～12. pGBKT7－Pr19质粒PCR产物；13～15. pGBKT7－Pr27质粒PCR产物

2. Bait和Prey的互作确认

将4个Prey质粒pGADT7－Pr1、pGADT7－Pr5、pGADT7－Pr19和pGADT7－Pr27分别与Bait(pGBKT7－*ANAC*069ΔC1)共转化酵母Y2H，同时将载体互换后的pGBKT7－Pr1、pGBKT7－Pr5、pGBKT7－Pr19和pGBKT7－Pr27分别与pGADT7－*ANAC*069ΔC1共转化酵母Y2H，分别以pGADT7空质粒与pGBKT7－Pr1、pGBKT7－Pr5、pGBKT7－Pr19和pGBKT7－Pr27质粒共转化作为阴性对照，于QDO/X/A平板进行筛选培养，培养3天后观察。结果显示，Pr1和Pr5质粒与Bait(pGBKT7－*ANAC*069ΔC1)互作较阴性对照没有生长优势，认为是假阳性互作而排除。Pr19和Pr27与Bait出现明显的强烈互作，利用双杂交进一步分析它们与*ANAC*069ΔC1的互作特异性。

Bait 与 Prey 19 的互作验证如图 4.6 所示，当共转化 pGBKT7－*ANAC*069ΔC1/pGADT7－Pr19（互作组 1）以及载体互换后的 pGBKT7－Pr19/pGADT7－*ANAC*069ΔC1(互作组 2)时，菌落无论是原液（OD 值为 1）还是 10 倍、100 倍的稀释液均在含有 X－α－Gal 和 AbA 的四缺培养基上长势良好并呈蓝色，但用空载体 pGADT7 分别与 pGBKT7－*ANAC*069ΔC1 和 pGBKT7－Pr19 共转化作为对照时，发现原液和 10 倍稀释液虽然也能长出菌落，但是相比互作组长势很弱，且菌落并不变蓝，对照组 100 倍的稀释液根本无法在筛选培养基上生长。因此认为 *ANAC*069ΔC1 与 Pr19 在酵母体内能够发生强烈的互作，激活报告基因的表达。

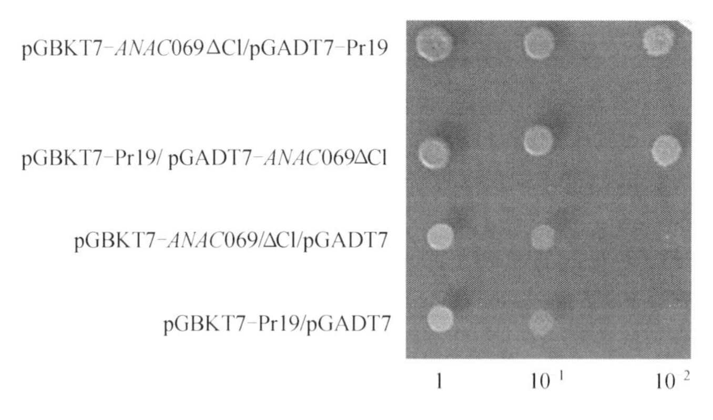

图 4.6 Bait 与 Prey Pr19 的互作验证

Bait 与 Pr27 的互作验证如图 4.7 所示，当共转化 pGBKT7－*ANAC*069ΔC1 /pGADT7－Pr27 时，克隆在含有 X－α－Gal 和 AbA 的四缺培养基上长势很好并呈蓝色；当载体互换之后，共转化 pGBKT7－Pr27/pGADT7－*ANAC*069ΔC1 时在四缺培养基上依然能看到长势良好显蓝色的克隆。但是，当用空载体 pGADT7 分别与 pGBKT7－*ANAC*069ΔC1 和 pGBKT7－Pr27 共转化时，克隆长势明显变弱甚至不生长；同样，当用 pGBKT7 空载体分别与 pGADT7－*ANAC*069ΔC1 和 pGADT7－Pr27 共转化时，菌落无法正常生长。这表明 *ANAC*069ΔC1 与 Pr27 能够发生特异性的互作。

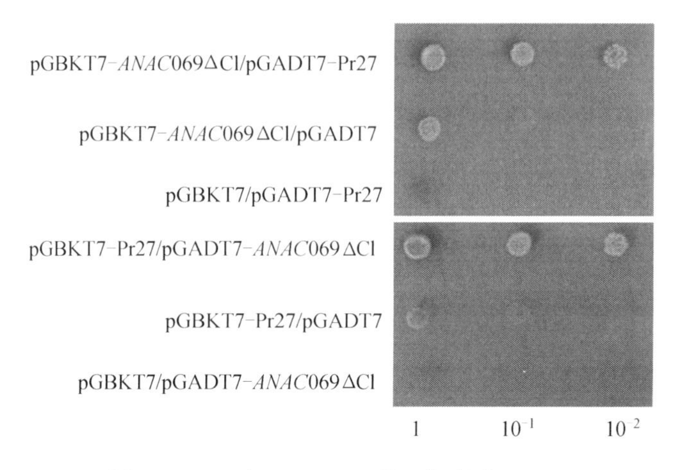

图 4.7 Bait 与 Prey Pr27 的互作验证

4.4　本章讨论

蛋白质与蛋白质之间的相互作用是细胞生化反应网络的一个主要组成部分，研究蛋白质与蛋白质之间的互作网络对调控细胞代谢及信号途径有重要意义。酵母双杂交是目前应用最广泛的研究蛋白质与蛋白质互作的技术，目前利用酵母双杂交技术已经证实了一些 NAC 转录因子家族成员能通过与其他蛋白质互作参与到植物的信号调控网络中。Wei 等在 2012 年利用酵母双杂交和双分子荧光互补试验证实了香蕉中 MaNAC1 和 MaNAC2 蛋白能够与乙烯信号组件 MaEIL5 蛋白发生互作，推测 MaNACs 可能通过与 MaEIL5 互作进而来调控香蕉果实的成熟。Krestine 等利用酵母双杂交，以 RING－H2 蛋白为 Bait，从拟南芥 cDNA 文库中钓取响应 ABA 的 NAC 蛋白（At1g52890）。近些年，许多研究用酵母分析系统研究 NAC 转录因子的转录激活区和抑制区。Teruyuki 等利用酵母分析系统确定了 ANAC078 蛋白的转录激活区位于第 161～399 个氨基酸。Hao 等利用酵母分析系统证明了黄豆 GmNAC20 蛋白中由 35 个氨基酸组成的转录抑制区域，称为 NARD（NAC Repression Domain），NARD 存在于许多 NAC 家族基因中，它的存在能够降低转录因子的激活活性，NARD 区域与转录激活区之间的相互作用最终决定 NAC 家族蛋白对下游基因的表达是起激活作用还是抑制作用。

4.5　本章小结

本研究利用酵母双杂交系统，分析转录因子 ANAC069 的转录激活活性，结果显示 ANAC069 具有转录自激活活性。为了确定 ANAC069 的转录激活区域，从 *ANAC069* 基因上截取长短不一的片段，通过对这些片段转录激活活性的分析，最终确定 ANAC069 的转录激活区域位于第 200～352 个氨基酸。选取 ANAC069 无转录自激活活性的 N 端区域（1/288）为 Bait，从拟南芥 cDNA 文库中钓取能够与 ANAC069 互作的蛋白，共获得 14 个阳性 Prey 克隆，经过测序及 Blastx 分析，其为 4 个不同的蛋白，利用载体互换验证最终证实只有 Pr19 和 Pr27 能够和 ANAC069 发生强烈的相互作用，其中 Pr19 为核糖体蛋白，Pr27 为毛状体双折射蛋白。

第 5 章 ANAC069 上游调控因子研究

5.1 试验材料

5.1.1 植物材料

拟南芥种子播种于含 1/2 MS 培养基的平板上，1 周后转移到含有 1/2 MS 的培养瓶中无菌培养 2 周，温室的相对湿度为 65%～75%，光强为 100 μmol/(m^2 · s)，温度为 22 ℃，光周期为 16 h 光照/8 h 黑暗。

5.1.2 菌种与载体

酵母菌株 Y187、大肠杆菌 Top10，农杆菌 EHA105，含 pBI121－GFP 质粒的农杆菌，质粒 p53HIS2、pGADT7－p53、pHIS2、pGADT7－Rec2、pAcGFP、pROK Ⅱ 和 pCAMBIA1301，均为东北林业大学遗传育种国家重点实验室保存。

5.1.3 主要试剂

限制性内切酶 *Eco*R Ⅰ、*Sac* Ⅰ 和 T4 DNA Ligase，购自普洛麦格（北京）生物技术有限公司；酵母高纯度质粒小量快速提取试剂盒，购自北京原平皓生物技术有限公司。

DMF、DMSO、3－AT、卡那霉素和氨苄霉素，购自 Sigma；PMSF(ST506)、GFP 抗体(AG279)、ChIP Assay Kit(P2078)，均购自碧云天。

5.1.4 溶液配制

(1)Buffer A。

10 mmol/L Tris－HCl (pH 8.0)，3%(质量浓度，下同)甲醛，0.1 mmol/L PMSF，5 mmol/L β－巯基乙醇，0.1%(体积分数，下同)Triton X－100。

(2)Buffer B。

10 mmol/L Tris－HCl (pH 8.0)，0.4 mol/L sucrose，5 mmol/L β－巯基乙醇，1 mmol/L PMSF，蛋白酶抑制剂 1.2 μg/mL，4 μg/mL pepstain A。

(3)Buffer C。

10 mmol/L Tris－HCl (pH 8.0)，0.25 mol/L sucrose，10 mmol/L $MgCl_2$，1% Triton X－100，5 mmol/L β－巯基乙醇，1 mmol/L PMSF，蛋白酶抑制剂 1.2 μg/mL，4 μg/mL pepstain A。

(4)ChIP Elution Buffer。

1%(质量浓度，下同)SDS，0.1 mol/L $NaHCO_3$。

5.2　试验方法

5.2.1　*ANAC069* 启动子的生物信息学分析

利用 PLACE 数据库和 PLANTCARE 数据库对 *ANAC*069 基因的启动子序列进行分析，发现该基因不足 1 000 bp 的启动子含有 DOF、EBOX、WBOX 等多种逆境反应相关元件，其中 DOF 元件的数目最多，在 642 bp 的启动子中含有 7 个 DOF 元件。

5.2.2　酵母单杂交钓取能够识别 DOF 元件的基因

1. 构建 pHIS2－DOF 重组报告载体

设计引物，将 DOF 元件 3 次串联重复，上下游同时引入 *Eco*RⅠ和 *Sac*Ⅰ酶切位点，引物直接退火形成双链，两端形成黏性末端，与线性化的 pHIS2 直接连接，定向插入 pHIS2 质粒报告基因的上游，构建重组质粒 pHIS2－DOF。具体操作步骤如下：

(1)报告载体 pHIS2 酶切。

酶切反应体系：

pHIS2 质粒	1.0 μg
10 × Buffer E	2.0 μL
BSA(10 mg/mL)	0.2 μL
*Eco*RⅠ (12 U/ μL)	1.0 μL
*Sac*Ⅰ (10 U/ μL)	1.0 μL
用 dd H_2O 将体积补到	20 μL

反应条件：37 ℃酶切 7 h。

以未酶切的 pHIS2 质粒为对照，电泳检测质粒的双酶切结果，质粒完全线性化后，用胶回收试剂盒回收酶切产物。电泳检测胶回收产物，并用紫外分光光度计测定浓度。

(2)靶 DNA 的合成。

反应体系：

pHIS2－DOF－F(100 μmol/L)	9 μL
pHIS2－DOF－R(100 μmol/L)	9 μL
10×PCR Buffer	2 μL

反应程序：95 ℃ 30 s，72 ℃ 2 min，37 ℃ 2 min，25 ℃ 2 min。

(3)靶 DNA 与报告载体(pHIS2)的连接。

将合成的靶 DNA 稀释 100 倍后，与 *Eco*RⅠ和 *Sac*Ⅰ双酶切后的 pHIS2 连接。

反应体系：

10×T4 Ligase Buffer	1.0 μL
pHIS2	200 ng
靶 DNA	300 ng
T4 DNA 连接酶	1.0 μL
超纯水补足体积至	10 μL

反应条件:16 ℃过夜。

(4)连接产物转化大肠杆菌及阳性克隆鉴定。

取 5 μL 连接液转化至大肠杆菌 Top10 感受态细胞(方法同 2.2.2),涂布于含卡那霉素(终质量浓度为 50 mg/L)的 LB 固体筛选平板上,倒置培养过夜。

随机挑取筛选平板上的单克隆扩大培养,以 pHIS2－F 和 pHIS2－R 为引物,进行菌液 PCR 检测,检测结果为阳性的保存菌种并提取质粒。对质粒进行 PCR 检测,PCR 检测为阳性的送华大基因测序,测序结果比对正确的说明 pHIS2－靶 DNA 重组报告载体构建成功,将重组质粒命名为 pHIS2－DOF。用于构建 pHIS2－DOF 报告载体的引物序列见表 5.1。

表 5.1 用于构建 pHIS2－DOF 报告载体的引物序列

名称	序列(5′－3′)
pHIS2－DOF－F	5′－AATTCCAGAAAGATCCAGAAAGATCCAGAAAGATC GAGCT－3′
pHIS2－DOF－R	5′－CGATCTTTCTGGATCTTTCTGGATCTTTCTG G－3′
pHIS2－F	5′－GCCTTCGTTTATCTTGCCTGCTC－3′
pHIS2－R	5′－CGATCGGTGCGGGCCTCTTC－3′

注:__为引入的限制性内切酶 *Eco*RⅠ和 *Sac*Ⅰ的位点。

2. pHIS2－DOF 重组报告载体的 3－AT 浓度选择

将重组报告质粒 pHIS2－DOF 转化酵母菌株 Y187,PCR 鉴定为阳性的克隆,分别涂布于含有 0 mmol/L、20 mmol/L、30 mmol/L、40 mmol/L、50 mmol/L 和 70 mmol/L 的 SD/－His/－Trp 固体培养基上,30 ℃倒置培养 3 天,0～30 mmol/L 3－AT 的培养基上有密集的菌落出现,40 mmol/L 3－AT 的培养基上菌株的生长受到一定的抑制,但仍有些 1 mm 的菌落,50 mmol/L 培养基上菌株的生长受到明显的抑制(菌落数量少且直径小于 1 mm),而 70 mmol/L 培养基上菌株无法生长。因此,确定酵母菌株 Y187(pHIS2－DOF)的最适 3－AT 浓度为 50 mmol/L。

3. 拟南芥 *ATDOF* 基因 cDNA 文库的构建

从 Tair 网上查到 13 个 *DOF* 基因,上下游引物的 5′端用 pGADT7－Rec2 载体线性化后两端的同源序列修饰,以拟南芥 cDNA 为模板,PCR 扩增 13 个 *DOF* 基因。将 PCR 产物用纯化试剂盒纯化后进行电泳检测并测定浓度,各同源基因等摩尔数混匀,形成 *ATDOF* cDNAs 文库,－80 ℃保存备用。

4. 重组报告载体和拟南芥 cDNA 文库共转化酵母菌株 Y187

(1)酵母感受态细胞制备。

方法同4.2.2。

(2)酵母细胞的文库转化。

①反应体系：

Y187 感受态细胞	600 μL
ATDOF cDNAs 文库	25 μL
线性化的 pGADT7－Rec2(800 ng/ μL)	5 μL
pHIS2－DOF	5 μg
变性鲱鱼精 DNA(10 μg/ μL)	20 μL

轻柔混匀；

② 加入2.5 mL PEG/LiAc,轻柔混匀,30 ℃水浴45 min,每隔15 min混匀一次。

③ 加入160 μL 二甲基亚砜,混匀,42 ℃水浴20 min,每隔10 min混匀一次。

④ 700*g* 离心5 min,沉淀酵母细胞。

⑤ 弃上清,加入3 mL YPD Plus Medium 重悬酵母细胞,30 ℃振荡培养90 min。

⑥ 700*g* 离心5 min,沉淀酵母细胞。

⑦ 弃上清,15 mL 0.9% NaCl 重悬酵母细胞。

⑧ 涂布:取81 μL 稀释10倍、100倍和1 000倍的菌液分别涂布于SD/－Trp(检测报告质粒 pHIS2－DOF 的转化效率)、SD/－Leu(检测 *ATDOF* cDNAs 文库转化效率)和SD/－Leu/－Trp(检测共转化效率)培养基上,其余菌液涂布于含有3－AT(终浓度为40 mmol/L)的SD/－His/－Leu/－Trp/筛选培养基上。平板于30 ℃倒置培养3～5天。

5. 阳性克隆的互作分析

(1)pGADT7－Rec2 重组质粒的 PCR 检测。

① 挑取 SD/－His/－Leu/－Trp/3－AT 筛选平板上长势较壮的克隆,于SD/－His/－Leu/－Trp 液体培养基中30 ℃振荡培养1～2天。

② 提取酵母质粒。

③ 以载体引物 M5′AD 和 M3′AD 为引物,对酵母质粒进行 PCR 检测,检测 pGADT7－Rec2/cDNA 文库重组质粒中插入片段的长度。

(2)单一 pGADT7－Rec2/cDNA 文库重组质粒的分离。

将 PCR 检测结果为阳性的 pGADT7－Rec2/cDNA 文库重组质粒转化至大肠杆菌 Top10 感受态细胞,涂布于含氨苄霉素(终质量浓度为50 mg/L)的LB平板上,37 ℃倒置培养过夜。挑取LB筛选平板上的单菌落,于LB液体培养基中扩大培养,进行菌液PCR检测,1%琼脂糖凝胶电泳检测PCR产物,保存菌种提取质粒,以载体引物M5′AD和M3′AD为测序引物对pGADT7－Rec2/cDNA文库重组质粒进行测序。

(3)选取测序结果比对正确的阳性酵母转化子,于SD/－His/－Leu/－Trp液体培养基中30 ℃振荡培养1～2天，分别取2 μL原液和10倍、100倍、1 000倍的稀释液，点点于含3－AT(终浓度为50 mmol/L)的SD/－His/－Leu/－Trp上，30 ℃倒置培养2天，拍照。

5.2.3 酵母单杂交分析转录因子ATDOF5.8与DOF元件的特异性结合

1. 构建pHIS2－靶DNA突变报告载体

将DOF元件所含碱基进行单碱基逐一突变和完全突变，突变原则为嘌呤变嘧啶、嘧啶变嘌呤。突变后的元件3次串联重复，上下游同时引入*Eco*RⅠ和*Sac*Ⅰ酶切位点，引物直接退火形成双链，两端形成黏性末端，与线性化的pHIS2直接连接，定向插入pHIS2质粒报告基因的上游，分别构建突变质粒pHIS2－D－M1、pHIS2－D－M2、pHIS2－D－M3、pHIS2－D－M4和pHIS2－D－M5。具体操作步骤同5.2.2，引物序列见表5.2。

表5.2 用于构建重组载体的引物序列

名称	序列(5′－3′)
pHIS2－D－M1－F	5′－AATTCCAGCAAGATCCAGCAAGATCCAGCAAGATC GAGCT－3′
pHIS2－D－M1－R	5′－CGATCTTGCTGGATCTTGCTGGATCTTGCTG G－3′
pHIS2－D－M2－F	5′－AATTCCAGACAGATCCAGACAGATCCAGACAGATC GAGCT－3′
pHIS2－D－M2－R	5′－CGATCTGTCTGGATCTGTCTGGATCTGTCTG G－3′
pHIS2－D－M3－F	5′－AATTCCAGAACGATCCAGAACGATCCAGAACGATC GAGCT－3′
pHIS2－D－M3－R	5′－CGATCGTTCTGGATCGTTCTGGATCGTTCTG G－3′
pHIS2－D－M4－F	5′－AATTCCAGAAATATCCAGAAATATCCAGAAATATC GAGCT－3′
pHIS2－D－M4－R	5′－CGATATTTCTGGATATTTCTGGATATTTCTG G－3′
pHIS2－D－M5－F	5′－AATTCCAGCCCTATCCAGCCCTATCCAGCCCTATC GAGCT－3′
pHIS2－D－M5－R	5′－CGATAGGGCTGGATAGGGCTGGATAGGGCTG G－3′
*ATDOF*5.8－rec2－F	5′－AAGCAGTGGTATCAACGCAGAGTGGCCATTATGGCCCATGCCT TCTGAATTCAGTGAA－3′
*ATDOF*5.8－rec2－R	5′－TCTAGAGGCCGAGGCGGCCGACATG TCACGCTACGTAGTCTCCAGA－3′

注：__为引入的限制性内切酶*Eco*RⅠ和*Sac*Ⅰ的位点；

~~~~为引入的pGADT7－Rec2载体的同源序列。

2. 构建重组效应载体pGADT7－ATDOF5.8

(1)两端含pGADT7－Rec2载体同源序列的*ATDOF*5.8基因的获得。

设计引物，在*ATDOF*5.8的ORF序列的两端引入pGADT7－Rec2载体的同源序列。引物序列见表5.2。

PCR扩增带有载体同源序列的*ATDOF*5.8基因。
~~~~

反应体系：

pROKⅡ－*ATDOF*5.8质粒	100 ng
10×Ex *Taq* Buffer	2.0 μL
dNTPs(10 mmol/L)	0.4 μL
*ATDOF*5.8－Rec2－F(10 μmol/L)	1.0 μL
*ATDOF*5.8－Rec2－R(10 μmol/L)	1.0 μL
Ex *Taq* (5 U/μL)	0.25 μL
用dd H_2O补足体积至	20.0 μL

反应程序：94 ℃ 2 min；30循环：94 ℃ 30 s，58 ℃ 30 s，72 ℃ 30 s；72 ℃ 7 min。

用1%的琼脂糖凝胶电泳检测PCR结果，PCR产物用胶回收试剂盒回收，电泳检测胶回收产物，测定浓度。

(2)载体pGADT7－Rec2的酶切。

用限制性内切酶*Sma*Ⅰ对pGADT7－Rec2质粒进行单酶切。

反应体系：

pGADT7－Rec2质粒	1.0 μg
10×Buffer J	2.0 μL
BSA(10 mg/mL)	0.2 μL
*Sma*Ⅰ (10 U/μL)	1.0 μL
用dd H_2O补足体积至	20 μL

25 ℃酶切4 h，用1%的琼脂糖凝胶电泳检测酶切产物，若pGADT7－Rec2质粒完全线性化，用胶回收试剂盒回收，电泳检测回收产物，并用紫外分光光度计测定。

(3)*ATDOF*5.8基因与线性化的pGADT7－Rec2质粒连接。

反应体系及程序同2.2.2。

(4)连接产物转化大肠杆菌及阳性克隆鉴定。

将5 μL连接液转入大肠杆菌Top10感受态细胞(方法同2.2.2)，涂布于含氨苄霉素(终质量浓度为50 mg/L)的LB固体筛选平板上。随机挑取筛选培养基上的单克隆进行扩大培养，以*ATDOF*5.8－rec2－F和*ATDOF*5.8－rec2－R为引物，进行菌液PCR，将阳性克隆保存菌种并提质粒，质粒PCR。电泳检测质粒PCR结果，将阳性重组质粒命名为pGADT7－*ATDOF*5.8，－20 ℃冰箱保存备用。

3. 效应载体pGADT7－ATDOF5.8和突变报告载体共转化酵母细胞

共转化所用质粒见表5.3，方法同4.2.2。

表 5.3　共转化单杂交所用质粒

Prey(100 ng)	Bait(100 ng)
pGADT7－ATDOF5.8	pHIS2－DOF
pGADT7－ATDOF5.8	pHIS2－D－M1
pGADT7－ATDOF5.8	pHIS2－D－M2
pGADT7－ATDOF5.8	pHIS2－D－M3
pGADT7－ATDOF5.8	pHIS2－D－M4
pGADT7－ATDOF5.8	pHIS2－D－M5
pGADT7－ATDOF5.8	p53HIS2
pGADT7－p53	p53HIS2

5.2.4　酵母单杂交分析 ATDOF5.8 与 *ANAC069* 启动子的互作

1. 构建 pHIS2－启动子片段重组质粒

选择 *ANAC*069 启动子中含有 3 个 DOF 元件的片段 DOFp(＋)以及将 3 个 DOF 元件进行缺失后的片段 DOFp(－)，设计引物时，片段的上下游引物同时引入 *EcoR* Ⅰ 和 *Sac* Ⅰ 酶切位点，以 pCAM－ANAC069－pro 质粒为模板 PCR 扩增 DOFp(＋)(216 bp)和 DOFp(－)(195 bp)，将 pHIS2、DOFp(＋)和 DOFp(－)同时用 *EcoR* Ⅰ 和 *Sac* Ⅰ 双酶切，胶回收后，将 DOFp(＋)和 DOFp(－)分别与 pHIS2 连接，分别将 DOFp(＋)和 DOFp(－)片段插入 pHIS2 质粒报告基因上游，构建重组报告载体 pHIS2－DOFp(＋)和 pHIS2－DOFp(－)，具体操作步骤同 5.2.2，所用引物序列见表 5.4。

表 5.4　*ANAC069* 启动子片段的引物序列

名称	序　列(5′－3′)
pHIS2－DOFp(＋)－F	5′－CCG GAATTCAAAGAAAATCGTCGCGGATC－3′
pHIS2－DOFp(＋)－R	5′－C GAGCTCCTTTCCGAAGGATCTTTCTG－3′
pHIS2－DOFp(－)－F	5′－CCG GAATTCAAAATCGTCGCGGATCAATT－3′
pHIS2－DOFp(－)－R	5′－C GAGCTCCTGGAATATTATAGCCGACAT－3′

注：__为引入的限制性内切酶 *EcoR* Ⅰ 和 *Sac* Ⅰ 的位点。

2. 效应载体 pGADT7－ATDOF5.8 与 pHIS2－启动子片段共转化酵母 Y187 细胞

共转化所用质粒见表 5.5，转化方法同 4.2.2。

表 5.5　共转化所用质粒

Prey(100 ng)	Bait(100 ng)
pGADT7－ATDOF5.8	pHIS2－DOFp(＋)
pGADT7－ATDOF5.8	pHIS2－DOFp(－)
pGADT7－ATDOF5.8	p53HIS2
pGADT7－p53	p53HIS2

5.2.5　瞬时表达试验证实 ATDOF5.8 与 *ANAC069* 启动子的互作

1. 构建重组报告载体

设计引物，通过引物合成的方式将顺式作用元件 DOF 及突变的 DOF 元件 D－M5 分别与 CaMV 35S minimal promoter(46 bp)连接，上下游引物分别引入 *Hind* Ⅲ 和 *Nco* Ⅰ 酶切位点的部分碱基，引物退火直接合成带有黏性末端的双链 DNA。用合成的双链 DNA 定向替换 pCAMBIA1301 载体中的 CaMV35S，构建重组报告表达载体 pCAM－DOF和 pCAM－D－M5。

选择 *ANAC*069 启动子中含有 3 个 DOF 元件的片段 DOFp(＋)及将 3 个 DOF 元件进行缺失后的片段 DOFp(－)，设计引物时，片段的上下游引物同时引入 *Hind* Ⅲ和 *Nco* Ⅰ酶切位点，下游引物引入 46 bp minimal promoter。以 pCAM－*ANAC*069－pro 质粒为模板 PCR 扩增 DOFp(＋)(216 bp)和 DOFp(－)(195 bp)，将 pCAMBIA1301、DOFp(＋)和 DOFp(－)同时用 *Hind* Ⅲ 和 *Nco* Ⅰ 双酶切，胶回收后，将 DOFp(＋)和 DOFp(－)分别与 pCAMBIA1301 连接，分别用 DOFp(＋)和 DOFp(－)片段定向替换 CaMV35S 插入 pCAMBIA1301 质粒报告基因上游，构建重组报告载体 pCAM－DOFp(＋)和 pCAM－DOFp(－)。具体操作方法同 2.2.2。

2. 构建重组效应载体

构建效应载体 pROKⅡ－ATDOF5.8，方法同 3.2.1，所用引物序列见表 5.6。

表 5.6　用于构建重组报告载体和重组效应载体的引物序列

名称	序列(5′－3′)
pCAM－DOF－F	5′－AGCTTAAAGAAAGAAAGACCCTTCCTCTATATAAGGAAGTT CATTTCATTTGGAGAGAACACGGC－3′
pCAM－DOF－R	5′－CATGGCCGTGTTCTCTCCAAATGAAATGAACTTCCTTATATA GAGGAAGGGTCTTTCTTTCTTT A－3′
pCAM－D－M5－F	5′－AGCTTCCCTCCCTCCCTACCCTTCCTCTATATAAGGAAGTTCA TTTCATTTGGAGAGAACACGGC－3′
pCAM－D－M5－R	5′－CATGGCCGTGTTCTCTCCAAATGAAATGAACTTCCTTATATA GAGGAAGGGTAGGGAGGGAGGGA－3′

续表 5.6

名称	序列(5′—3′)
pCAM—DOFp(+)—F	5′—CCCAAGCTTAAAGAAAATCGTCGCGGATC—3′
pCAM—DOFp(+)—R	5′—CATGCCATGGCCGTGTTCTCTCCAAATGAAATGAACTTCCTTATATAGAGGAAGGGTCTTTCCGAAGGATCTTTCTG—3′
pCAM—DOFp(—)—F	5′—CCCAAGCTTAAAATCGTCGCGGATCAATT—3′
pCAM—DOFp(—)—R	5′—CATGCCATGGCCGTGTTCTCTCCAAATGAAATGAACTTCCTTATATAGAGGAAGGGTCTGGAATATTATAGCCGACATAA—3′
pROKⅡ—ATDOF5.8—F	5′—TCAGGGTACCATGCCTTCTGAATTCAGTG—3′
pROKⅡ—ATDOF5.8—R	5′—GTCAGAGCTCTCACGCTACGTAGTCTCCAG—3′

注：____为引入的限制性内切酶 *Hind* Ⅲ和 *Nco* Ⅰ的酶切位点；____为 CaMV 35S 的 46 bp 小启动子，尾端加一个碱基 G；......为引入的限制性内切酶 *Kpn* Ⅰ和 *Sac* Ⅰ的位点。

3. 瞬时共转化试验研究 ATDOF5.8 对 *ANAC069* 启动子的识别

(1)基因枪瞬时转化烟草叶片。

选取烟草约 2 cm×2 cm 大小的叶片，背面向上平铺在 1/2 MS 固体培养基上，暗处理 1 天，备用。

① 微载体的洗涤，方法同 2.2.4。

② 微载体的包埋，共转化所用载体见表 5.7。

表 5.7　瞬时共转化所用质粒

Effector(5 μg)	Reporter(5 μg)
pROKⅡ—ATDOF5.8	pCAM—DOFp(+)
pROKⅡ—ATDOF5.8	pCAM—DOFp(—)
pROKⅡ—ATDOF5.8	pCAM—DOF
pROKⅡ—ATDOF5.8	pCAM—D—M5
pROKⅡ	pCAM—DOFp(+)
—	pCAMBIA1301

包埋体系：

洗涤后的微载体(60 mg/mL)	50.0 μL
报告载体(1 μg/μL)	5.0 μL
效应载体(1 μg/μL)	5.0 μL
$CaCl_2$(2.5 mol/L)	50.0 μL
亚精氨(0.1 mol/L)	20 μL

包埋过程同 2.2.4。

③瞬时转化和暗培养。利用 PDS－1000 台式基因枪，选用 1 350 psi 的可裂膜，轰击距离为 6 cm。将包埋好的微载体(10 μL/枪)轰击到经过预培养的烟草叶片中。转化后的烟草放到 23 ℃暗培养 2 天，取部分烟草叶片进行 GUS 染色，37 ℃过夜，第二天早上脱色，观察结果。

(2)荧光法测定 GUS 酶活。

① 植物总蛋白的提取。

a. 取上述暗培养后的烟草叶片 100 mg 左右，液氮速冻，研钵研磨；

b. 将研磨破碎的组织转移到离心管中，加入 1 mL GUS 酶提取缓冲液，混匀；

c. 4 ℃、12 000 r/min 离心 5 min，上清转移到另一洁净的离心管中，冰置。

② 蛋白浓度的测定。

a. 制作标准曲线。取 7 个离心管，分别加入 0 μL、2 μL、4 μL、8 μL、12 μL、16 μL 和 20 μL 的 BSA 标准液，用水补至相同体积 20 μL，加入 980 μL 的考马斯亮蓝 G250 溶液，充分混匀，冰上静置 5 min。用紫外分光光度计测定 595 nm 处的吸收值，以蛋白质量浓度(mg/mL)对吸收值 A_{595} 作标准曲线。

b. 提取液蛋白含量测定。取待测蛋白样品 10 μL，加 10 μL 水，加入 980 μL 的考马斯亮蓝 G250 溶液，充分混匀，冰上静置 5 min。用紫外分光光度计测定 595 nm 处的吸收值，代入公式求出蛋白样品的浓度。

③ 荧光值的测定。

a. 将 GUS 提取缓冲液于 37℃预热；

b. 取 5 支离心管，各加入 900 μL 反应终止液，编号 1、2、3、4、5；

c. 取 100 μL 蛋白上清，加入 400 μL 经过预热的 GUS 提取缓冲液，再加入 500 μL MUG 底物(2 mmol/L)置于 37℃温浴；

d. 在 0 min、15 min、30 min、45 min 和 60 min 分别取混合反应物 100 μL 加入到 900 μL的反应终止液中(1、2、3、4、5)，室温避光保存；

e. 以 1 号管为空白对照，用荧光分光光度计在激发波长 365 nm、发射波长 455 nm、狭缝 10 nm 时测定不同时间点的荧光强度。

④ 4－MU 含量测定。

a. 制作标准曲线。用反应终止液配制 4－MU 梯度浓度液：0 nmol/L、100 nmol/L、1 μmol/L、10 μmol/L 和 100 μmol/L，以反应终止液为空白溶液，在激发波长 365 nm、发射波长 455 nm、狭缝 10 nm 条件下测定各样品的荧光强度，以 4－MU 含量对荧光值作标准曲线；

b. 从标准曲线上查出 2～5 号管的 4－MU 含量。

⑤ GUS 酶活计算。GUS 酶活(pmol/(min · mg))＝(样品 4－MU 含量)/反应时间/蛋白含量。

5.2.6 染色质免疫共沉淀分析 ATDOF5.8 与 ANAC069 启动子的体内结合

1. 植物表达载体(pROKⅡ－ATDOF5.8－GFP)的构建

方法同 2.2.4。

2. pROKⅡ－ATDOF5.8－GFP 质粒转化农杆菌

方法同 2.2.2。

3. 农杆菌介导的瞬时转化

分别将含有 pROKⅡ－ATDOF5.8－GFP 质粒(35S:ATDOF5.8－GFP)和 pBI121－GFP 质粒(35S:GFP)的农杆菌菌种平板划线,挑取单克隆摇菌,取 OD 值在 0.4～0.6 的农杆菌,3 000 r/min 离心,用 1/2 MS 液体培养基将菌液调整到 OD 值为 0.8,并加入乙酰丁香酮(终浓度为 100 μmol/L),用于遗传转化。在含有两种农杆菌菌液的 1/2 MS 培养基中分别放入 3 周大小的野生型拟南芥,25 ℃、50 r/min 振荡培养。18 h 后将菌液倒出,加入新的 1/2 MS 液体培养基,共培养 2 天。

4. 染色质免疫共沉淀

(1) 材料的准备及交联。

①材料准备。3 周苗 15～20 棵(质量为 1～4 g),将其用水洗净,剪切成小块。

②交联。室温真空条件下在 50 mL 离心管中浸泡 30 mL 的 Buffer A 中 12 min,用无菌水洗涤 1 次,在真空条件下将材料浸泡在 20 mL 180 mmol/L Gly 溶液中 6 min 终止交联。然后用过量的无菌水洗涤 2 次,用纸巾吸干水分。

(2)染色质的洗涤。

用液氮研磨成粉末,粉末浸泡在 30 mL Buffer B 中。将溶解液用 4 层 Miracloth 滤布过滤。过滤液在 4 ℃条件下 3 000*g* 离心 15 min,用 1 mL 的 Buffer C 重新悬浮沉淀,并在 4 ℃条件下 5 000*g* 离心 5 min。

(3)染色质的溶解。

沉淀用 200 μL 的含 1 mmol/L PMSF 的 SDS Lysis Buffer 溶解,冰上孵育 10 min,以充分裂解细胞。

(4)超声波剪切染色质。

用超声波进行染色质破碎,将其破碎成 0.5～1.5 kb。超声波后,溶液在 4 ℃条件下 15 000*g* 离心 5 min,上清液转移至新的离心管中(称为染色质溶液),取出 10 μL 检测剪切效率,剩余的可以存放于－80 ℃保存或直接用于下一步试验。

(5)染色质的免疫共沉淀。

① 向 200 μL 的染色质溶液中加入 1.8 mL 含有 1 mmol/L PMSF 的 ChIP Dilution Buffer 以稀释经过超声处理的样品,使最终体积为 2 mL。

② 取出 20 μL 样品作为 Input 用于后续 PCR 的阳性对照,其余样品加入 70 μL Protein A＋G Agarose/Salmon Sperm DNA,4 ℃缓慢转动 30 min。

③ 4 ℃、1 000*g* 离心 1 min,取上清 800 μL 分别转移到 2 个新的 2 mL 离心管中。

④ 其中一管中加入 12 μLGFP 抗体,4 ℃缓慢转动过夜,另一管不加抗体作为阴性对照。

⑤ 加入 60 μL Protein A＋G Agarose/Salmon Sperm DNA,4 ℃缓慢转动 60 min,沉淀 GFP 抗体识别的蛋白或相应复合物。

⑥ 4 ℃、1 000*g* 离心 1 min,去除上清。依次用如下溶液对沉淀进行洗涤,每次洗涤液用量为 1 mL,每次加完洗涤液后在 4 ℃缓慢摆动洗涤 3 min,4 ℃、1 000*g* 离心1 min,

去除液体。Low salt wash Buffer 洗涤一次；High salt wash Buffer 洗涤一次；LiCl wash Buffer 洗涤一次；TE Buffer 洗涤2次。

(6)免疫共沉淀物的洗脱。

向沉淀中加入250 μL新配制的ChIP Elution Buffer，Vortex混匀，室温转动洗脱5 min，1 000*g*离心1 min，上清转移到新的离心管中，沉淀中再加入250 μL Elution Buffer，再次洗涤，1 000*g*离心1 min，和之前获得的上清合并，共计约500 μL上清。

(7)逆转交联及DNA纯化。

在上述500 μL上清中加入20 μL 5 mol/L NaCl，混匀，向Input对照(体积20 μL)中加入1 μL 5 mol/L NaCl。65 ℃加热5 h，以去除蛋白和DNA之间的交联。DNA纯化步骤：

① 在520 μL样品中加入10 μL 0.5 mol/L EDTA，20 μL 1 mol/L Tris(pH 6.5)和1 μL 20 mg/mL蛋白酶K，混匀后45 ℃条件下反应60 min。

② 采用PCR/DNA纯化试剂盒进行纯化。

(8)PCR检测ATDOF5.8蛋白与*ANAC*069启动子的体内互作。

为了研究ATDOF5.8蛋白与*ANAC*069启动子的结合，在*ANAC*069启动子中DOF元件附近设计3对引物，引物序列见表5.8。以35S:ATDOF5.8－GFP免疫沉淀后的样品为模板，用3对引物分别进行PCR检测。以35S:GFP免疫沉淀后的样品作为阴性对照，以35S:GFP和35S:ATDOF5.8－GFP的Input样品作为阳性对照。

表5.8　ChIP试验所用PCR引物序列

名称	序列(5′－3′)
ChIP1－F	5′－TGGTTACGGTGGTTGAGACG－3′
ChIP1－R	5′－ATACTACACCTAAATAATCGT－3′
ChIP2－F	5′－TAGAGTATGTAAGATTATAG－3′
ChIP2－R	5′－GAACTTCGAACCGAAGTTTC－3′
ChIP3－F	5′－GATAATGTAATAGGATTGAC－3′
ChIP3－R	5′－CGTTGACAAATGAGAGGGAC－3′

5.2.7　*ANAC*069及其上游调控基因*ATDOF*5.8的表达模式

分别用水(对照)、50 μmol/L ABA、200 mmol/L NaCl、200 mmol/L甘露醇处理4周大的野生型拟南芥，处理时间为1 h、3 h、6 h、12 h和24 h。在各个时间点迅速取材，根和叶分开取，液氮速冻，置于－80 ℃冰箱中保存备用。Trizol法提取不同处理条件下不同时间点根和叶的RNA，反转录为cDNA，以cDNA为模板，进行实时定量PCR，检测拟南芥中*ANAC*069和*ATDOF*5.8基因的表达情况。以*ACT*7和*TUB*2基因表达量的平均值作为内参(各基因及内参的每种处理均需设3个重复)，－ΔΔCt法计算基因的相对表达量。具体试验步骤同2.2.3。所用引物序列见表2.2。

5.3 结果与分析

5.3.1 *ANAC069* 启动子中逆境反应相关元件分析

利用 PLACE 数据库和 PLANTCARE 数据库对 *ANAC*069 基因的启动子序列进行分析，发现该基因不足 1 000 bp 的启动子含有 DOF、EBOX、WBOX 等多种逆境反应相关元件，其中 DOF 元件的数目最多，在 642 bp 的启动子中含有 7 个 DOF 元件（DOF-COREZM），如图 5.1 所示，推测 *ANAC*069 的上游调控基因很可能通过识别 DOF 元件来实现对该基因的调控。

GTTTGGTTTGGTATATATCGACATCGAGCATTTGAATCTACAGCAGTAATATTGGATTTT
EBOXBNNAPA CAATBOX1

GTTTAGTAGTTAAGTGGACCTTTATGTTGCATAATTAATAGTTTTACGATCATCAGTTCAT
DOFCOREZM

CACCATAATAATAGGATTAGATTTGAGGATGTGAATGGTTACGGTGGTTGAGACGGATA
GATABOX

AATCCGTTTGCGAATTAGACCGTTTTTGATTTACCATTTATAAATTAGAGTATGTAAGATT
TATABOX2

ATAGATTAAGAAAAATAAAAGAAAATCGTCGCGGATCAATTATAGACCGTTTTTACCGC
DOFCOREZM CAATBOX1

CGTAAGCATTCAAATCCTGAACATCTCTAATGATAATGTAATAGGATTGACAAAAACAA
GATABOX WBOXATNPR1

ATCTAAAAATTAATTACGATTATTTAGGTGTAGTATAGAACGTAATTACGTATATGTATGT
TATABOX2 ACGTABOX

TACTATGTTGTCAATTATGTCGGCTATAATATTCCAGAAAGATCCTTCGGAAAGGAAAA
WBOXATNPR1 ROOTMOTIFTAPOX1 DOFCOREZM DOFCOREZM

AAAAAAACTGAAACTTCGGTTCGAAGTTCAAACAATTTTTCTTACTGCCACGTGTTAC
CAATBOX1 ABRELATERD1

TTCATACACAATTAAAATATTTTTTTGTCCCTCTCATTTGTCAACGTTTAGGGGAAAAAC
CAATBOX1 EBOXBNNAPA
ROOTMOTIFTAPOX1 WBOXATNPR1

ATTAATATACTTTTACTGCATTCCGCCACAAATATCTTTCTTTCT*TTTTTTATGGTTCTTCTT*
DOFCOREZM DOFCOREZM
DOFCOREZM

CACCCCAACTGTATTAGTACTGTTCGTCTTTCAGAAAAAACAATAATAGATAGAGGAAAAAAGA

AAGAAACAGAGAAGTGAGAAAAAGCCCTTAAAACTCAAACACTAAAAAATTTTCAGTGTCGAT

*TCAAAAAGTTTTGTTATTTGATCTGTTTCTGTGTAAAAAAA*ATG

图 5.1 *ANAC*069 启动子序列分析

5.3.2 酵母单杂交鉴定识别 DOF 元件的基因

1. pHIS2－DOF 重组报告载体的获得

根据启动子元件分析结果发现，*ANAC*069 启动子中包含 7 个 DOF 顺式作用元件；将 DOF 元件 3 次串联重复，进行退火反应，合成靶 DNA，将其与双酶切后的 pHIS2 载体连接后转化 Top10 感受态细胞，提取质粒，以 pHIS－F 和 pHIS－R 为测序引物，将重组质粒 pHIS2－DOF 送华大基因测序，测序结果用 Bio Edit 比对显示 DOF 元件插入报告载体 pHIS2，说明重组报告载体 pHIS2－DOF 构建成功。

2. 酵母单杂交钓取能够识别 DOF 元件的基因

将重组报告质粒 pHIS2－DOF、Sma1 单酶切线性化的文库载体(pGADT7－Rec2)及 ATDOF cDNAs 小文库共转化酵母菌株 Y187，转化后的菌液分别涂布于含 SD/－Trp/－Leu 和 SD/－His/－Trp/－Leu(含 40 mmol/L 3－AT)的培养基上，30 ℃倒置培养 3～5 天后，筛选培养基中陆续出现大小差异明显的菌落，不同的酵母菌落中文库/AD 载体和报告载体的互作强弱不同，使酵母在筛选培养基上的生长状态也不同。重组报告质粒 pHIS2－DOF 筛选文库共得到 41 个菌落。从中选取直径大于 2 mm 的菌落接种于含更高浓度 3－AT(50 mmol/L)的 SD/－His/－Trp/－Leu 培养基上进行二次筛选，共获得 9 个克隆，将其进行下一步分析。

(1)PCR 检测插入片段的长度。

以 M5′AD 和 M3′AD 为引物，挑取二次筛选的酵母菌进行菌落 PCR。PCR 检测结果如图 5.2 所示，不同的菌落分别扩增出大小不一的片段。

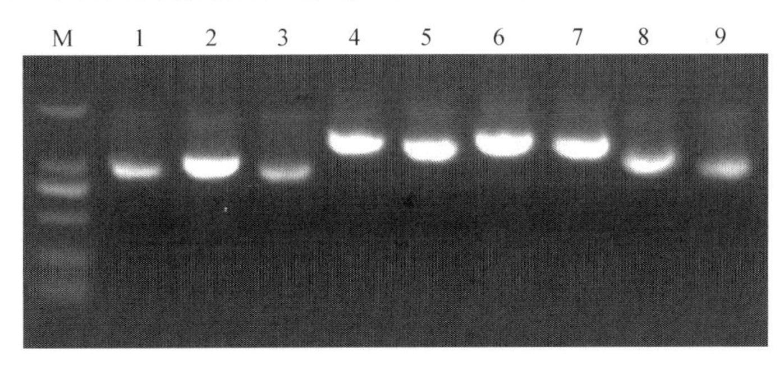

图 5.2 酵母菌落 PCR 检测结果

M. DL2000 DNA Marker；1～9. 二次筛选所得 9 个克隆插入片段

(2)单一 *DOF* 基因/AD 质粒的获得。

分别提取二次筛选得到的 9 个酵母菌质粒，转化至大肠杆菌 Top10 感受态细胞，涂布于含 Amp 的 LB 平板上，筛选出含有单一 *DOF* 基因/AD 质粒的克隆，从中提取质粒。

(3)阳性克隆的测序和分析。

将获得的 9 个单一 *DOF* 基因/AD 质粒进行测序，测序结果用 Bio Edit 软件和 Blastx 分析。经过测序比对分析，发现 9 个来自不同克隆片段的质粒共包含 4 个 *DOF* 基因(*AT*5*G*66940、*AT*1*G*21340、*AT*3*G*55370 和 *AT*1*G*07640)，它们与 DOF 元件的互作情况如图 5.3 所示，酵母体内 4 个 DOF 蛋白均能与 DOF 元件结合，其中含有 *AT*5*G*66940 和 DOF 元件的菌落在筛选培养基上长势最壮，说明 AT5G66940 蛋白与 DOF 元件的结合能力强于另外 3 个蛋白。

5.3.3 ATDOF5.8 蛋白与 DOF 元件的特异性结合

1. 效应载体和元件突变报告载体的获得

从筛选得到的 4 个 *DOF* 基因中选取与 DOF 元件结合活性最强的(图 5.3)

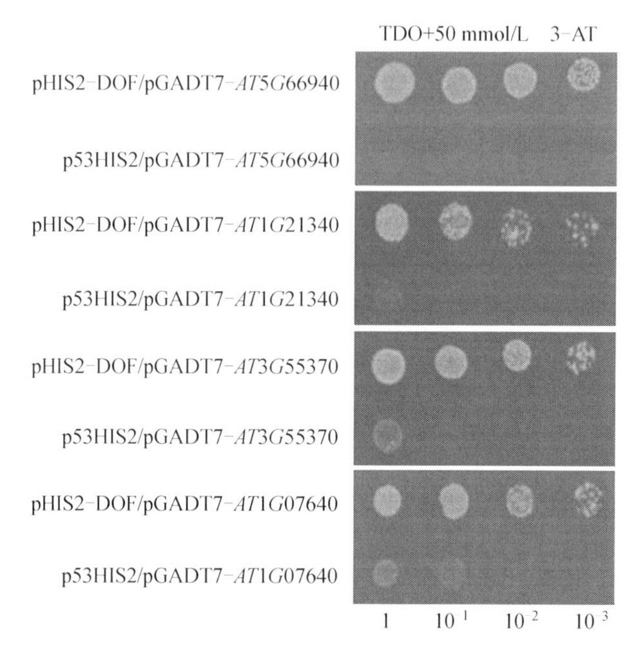

图 5.3 酵母单杂交分析 *DOF* 基因与 DOF 元件的互作情况

*AT*5*G*66940 基因(*ATDOF*5.8)做进一步的互作分析。首先将 *ATDOF*5.8 构建到 pGADT7－Rec2 载体中,质粒 PCR 检测显示效应载体 pGADT7－*ATDOF*5.8 构建成功,如图 5.4 所示。为了研究 ATDOF5.8 蛋白与 DOF 元件互作的特异性,将 DOF 元件所含碱基逐一突变,构建突变元件报告载体 pHIS2－D－M1、pHIS2－D－M2、pHIS2－D－M3 和 pHIS2－D－M4,pHIS2－D－M5 是将 DOF 的碱基进行完全突变。以 pHIS－F 和 pHIS－R 为测序引物,将 5 个突变元件报告载体送华大基因测序,测序结果用 Bio Edit 比对,显示 5 个突变元件报告载体均构建成功。

2. 酵母单杂交分析 ATDOF5.8 对 DOF 元件的特异性识别

将效应载体 pGADT7－*ATDOF*5.8 分别与报告载体 pHIS2－DOF、pHIS2－D－M1、pHIS2－D－M2、pHIS2－D－M3、pHIS2－D－M4 和 pHIS2－D－M5 共转化到酵母菌株 Y187 中,转化后的菌液涂布于 SD－Leu/－Trp 的培养基上,30 ℃倒置培养 3～5 天后,将菌落用 SD－Leu/－Trp 液体培养基摇菌至 OD 值为 1,分别稀释 10 倍、100 倍和 1 000 倍,取 2 μL 菌液分别点点于对照培养基 SD/－Leu－Trp 和筛选培养基 SD/－His/－Leu/－Trp＋3－AT(60 mmol/L)上,以共转化 p53HIS2 和 pGADT7－p53 质粒作为阳性对照,以共转化 p53HIS2 和 pGADT7－*ATDOF*5.8 质粒作为阴性对照。30 ℃倒置培养 3 天,观察。结果如图 5.5 所示,元件突变载体 pHIS2－D－M1、pHIS2－D－M2、pHIS2－D－M3、pHIS2－D－M4 和 pHIS2－D－M5 在 SD/－His－Leu－Trp＋60 mmol/L 3－AT 上无法生长,说明 DOF 元件中的每个碱基对于 ATDOF5.8 蛋白的识别都是至关重要的。

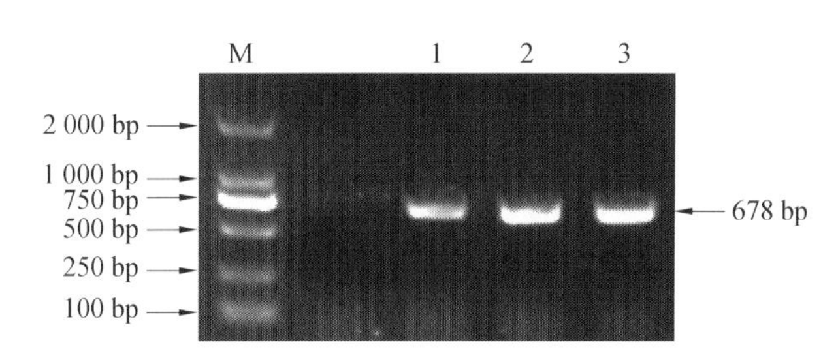

图5.4 重组质粒pGADT7－*ATDOF*5.8的PCR鉴定

M. DL2000 DNA Marker；1～3. pGADT7－*ATDOF*5.8质粒PCR产物

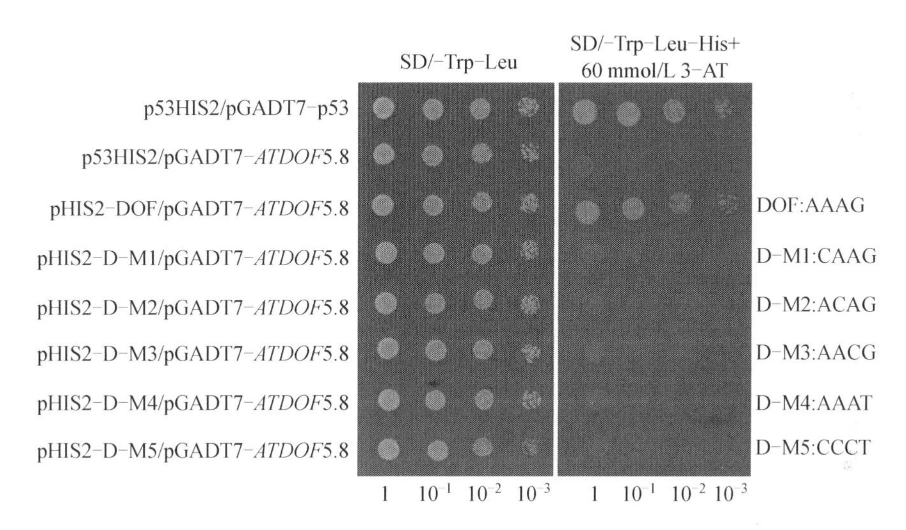

图5.5 酵母单杂交分析*ATDOF*5.8与DOF元件的特异性结合

5.3.4 ATDOF5.8蛋白对*ANAC069*基因启动子片段的识别

1. 重组报告载体的获得

*ANAC*069基因不足1 000 bp的启动子中含有7个DOF元件，为了研究ATDOF5.8能否识别含DOF元件的*ANAC*069启动子片段，将含有DOF元件和DOF元件缺失*ANAC*069启动子的片段分别构建到报告载体pHIS2中。分别以pHIS2－DOFp(＋)－F/pHIS2－DOFp(＋)－R和pHIS2－DOFp(－)－F/pHIS2－DOFp(－)－R两对基因引物为模板，PCR检测pHIS2－DOFp(＋)和pHIS2－DOFp(－)两个重组质粒，结果如图5.6所示。同时，以pHIS－F和pHIS－R为测序引物，将pHIS2－DOFp(＋)和pHIS2－DOFp(－)两个重组报告质粒送华大基因测序，PCR检测和测序结果均显示两个报告质粒构建成功。

2. ATDOF5.8蛋白识别含有DOF元件的*ANAC069*启动子片段

将构建好的含DOF元件的pHIS2－DOFp(＋)及缺失DOF元件的pHIS2－DOFp(－)重组报告载体分别与效应载体pGADT7－*ATDOF*5.8共转化酵母菌株Y187；以共转化p53HIS2和pGADT7－p53质粒作为阳性对照；共转化p53HIS2和pGADT7－*ATDOF*5.8质粒作为阴性对照。将转化后的菌液涂布于SD－Leu/－Trp培养基上，

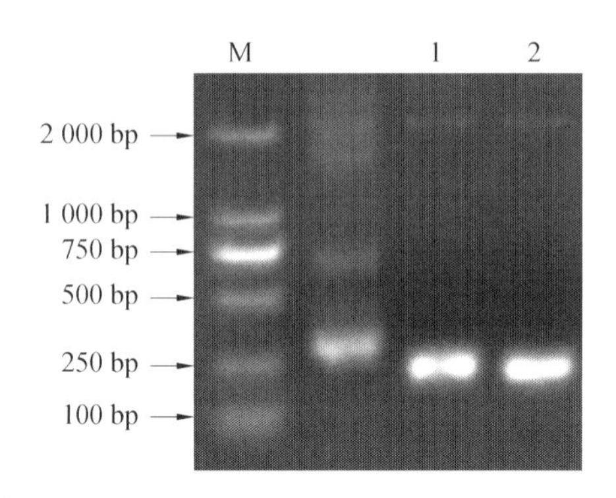

图 5.6 重组质粒(pHIS2－DOFp(＋)和 pHIS2－DOFp(－))PCR 检测
M. DL2000 DNA Marker; 1. pHIS2－DOFp(＋)质粒 PCR 产物;
2. pHIS2－DOFp(－)质粒 PCR 产物

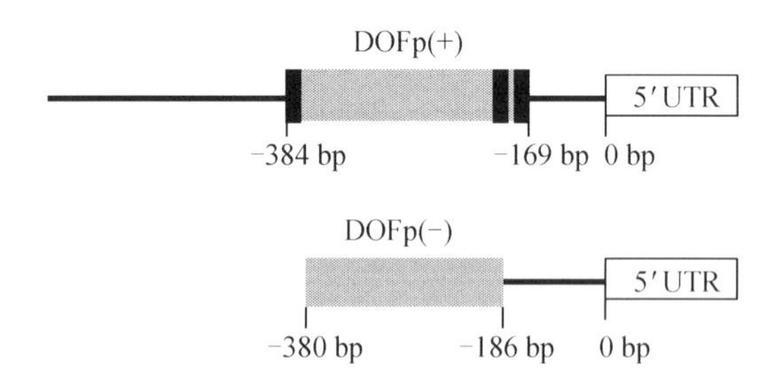

(a) 含有 DOF 元件和 DOF 元件缺失的 *ANAC*069 启动子片段

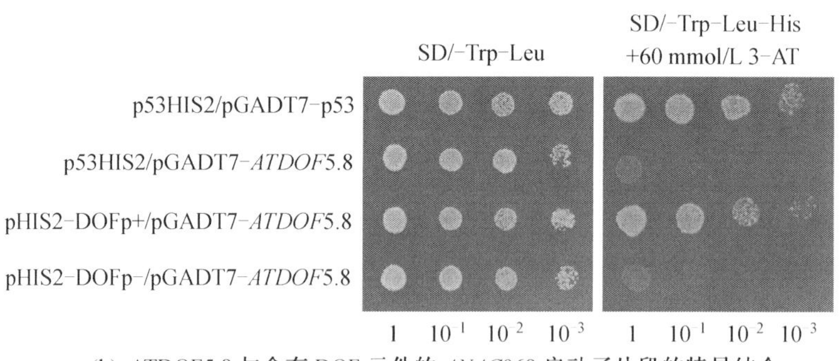

(b) ATDOF5.8 与含有 DOF 元件的 *ANAC*069 启动子片段的特异结合

图 5.7 利用酵母单杂交研究 ATDOF5.8 与含有 DOF 元件的 *ANAC*069 启动子片段的结合

30 ℃倒置培养 3～5 天后，将菌落用 SD－Leu/－Trp 液体培养基摇菌至 OD 值为 1，分别稀释 10 倍、100 倍和 1 000 倍，取 2 μL 菌液分别点点于对照培养基 SD/－Leu－Trp 和筛选培养基 SD/－His/－Leu/－Trp＋3－AT(60 mmol/L)上，30 ℃倒置培养 3 天，观察。结果如图 5.7 所示，共转化 pGADT7－*ATDOF*5.8 和 pHIS2－DOFp(＋)的菌落能够像阳性对照的互作菌落一样，在筛选培养基上正常生长，而共转化 pGADT7－*ATDOF*5.8 和 pHIS2－DOFp(－)的菌落在筛选培养基上不能生长，说明 ATDOF5.8 能够和含有 DOF 元件的 *ANAC*069 启动子片段结合，驱动报告基因的表达；而当启动子片段中 DOF 元件发生缺失后，结合能力随之丧失。这说明 ATDOF5.8 能够特异性地结合启动子中的 DOF 元件，进而调控 *ANAC*069 基因的表达。

5.3.5　瞬时表达试验证实互作结果

1. 用于瞬时表达试验的重组报告载体和效应载体的获得

为了进一步证明 ATDOF5.8 能够与含有 DOF 元件的 *ANAC*069 启动子发生结合，进行瞬时表达试验。首先构建 pCAMBIA1301 元件重组报告载体，设计引物时将 DOF 元件和 DOF 元件碱基完全突变的 D－M5 分别串联重复 3 次，与 46 bp 小启动子融合，引物直接进行退火反应，形成双链的寡核苷酸片段；用元件与小启动子融合后的基因替换 35S 启动子以驱动 *GUS* 基因，重组报告载体分别被命名为 pCAM－DOF 和 pCAM－D－M5。以 1301L 和 1301R 为测序引物，将构建好的 pCAM－DOF 和 pCAM－D－M5 质粒送往华大基因测序。测序结果表明 pCAM－DOF 和 pCAM－D－M5 重组报告载体构建成功。

构建片段重组报告载体，如图 5.7(a)所示，将 DOFp(＋)和 DOFp(－)分别与 46 bp 小启动子融合替换 pCAMBIA1301 载体中的 35S 启动子，形成的重组报告载体分别命名为 pCAM－DOFp(＋)和 pCAM－DOFp(－)。以 1301L 和 1301R 为引物，PCR 检测片段重组报告载体，结果显示两个载体均构建成功(图 5.8)。

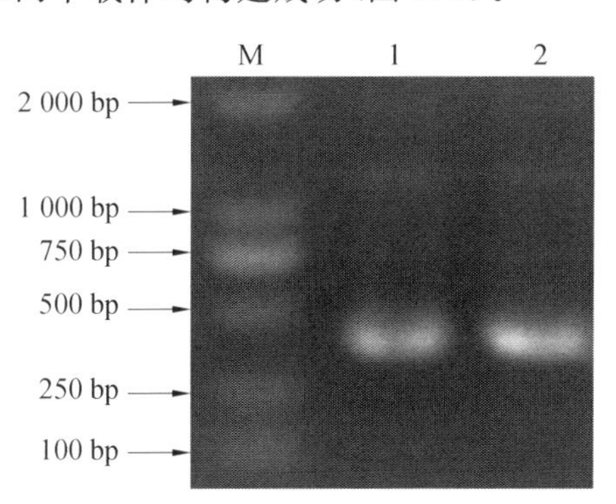

图 5.8　重组质粒 pCAM－DOFp(＋)和 pCAM－DOFp(－)PCR 检测结果

M. DL2000 DNA Marker；1. 重组质粒 pCAM－DOFp(＋) PCR 产物；2. 重组质粒 pCAM－DOFp(－) PCR 产物

构建效应载体 pROK Ⅱ－*ATDOF*5.8，以基因引物 pROK Ⅱ－*ATDOF*5.8－F 和 pROK Ⅱ－*ATDOF*5.8－R 为引物，进行质粒 PCR 检测。检测结果如图 5.9 所示，表明效应载体 pROK Ⅱ－*ATDOF*5.8 构建成功。

2. GUS 染色分析 *GUS* 基因在烟草体内的瞬时表达

将报告载体 pCAM－DOF、pCAM－D－M5、pCAM－DOFp(＋)和 pCAM－DOFp(－)分别与效应载体 pROK Ⅱ－*ATDOF*5.8 利用基因枪法瞬时共转化烟草叶片，转化完的叶片暗培养 2 天后进行 GUS 染色，结果如图 5.10 所示，共转化 pROK Ⅱ－*ATDOF*5.8 和 pCAM－DOFp(＋)质粒的烟草叶片出现很多蓝色斑点，共转化 pROKⅡ－*ATDOF*5.8 和 pCAM－DOF 质粒的烟草也显示出蓝色斑点，但是共转化 pROK Ⅱ－*ATDOF*5.8 和 pCAM－D－M5 及共转化 pROK Ⅱ－*ATDOF*5.8 和 pCAM－DOFp(－)的烟草叶片均没有蓝色斑点出现，该结果表明 ATDOF5.8 蛋白在烟草体内能够识别 DOF 元件及含

DOF 元件的启动子片段,进而激活下游 *GUS* 报告基因的表达。一旦元件突变或缺失以后识别能力丧失,说明 ATDOF5.8 蛋白对 DOF 元件的识别具有特异性。

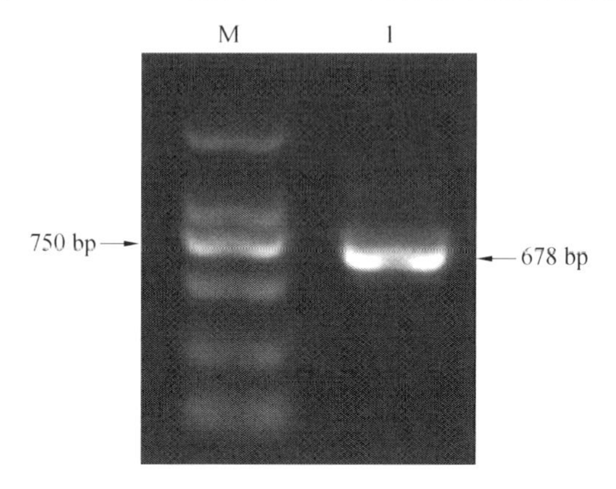

图 5.9 重组质粒 pROKⅡ-*ATDOF*5.8 PCR 检测结果

M. DL2000 DNA Marker;1. 重组质粒 pROKⅡ-*ATDOF*5.8 PCR 产物

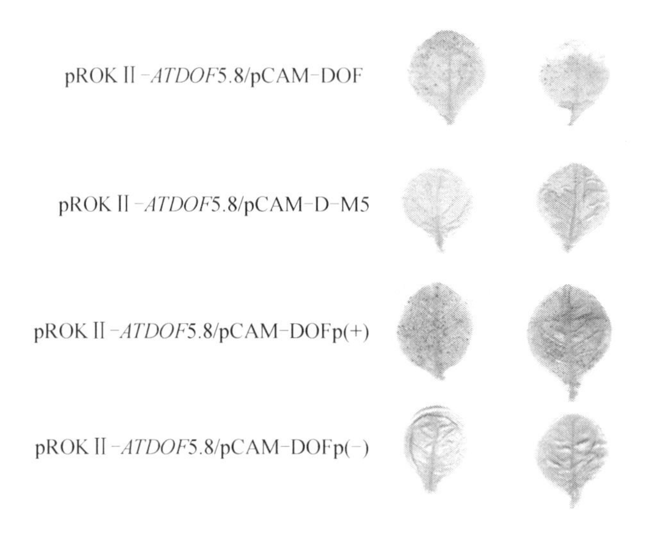

图 5.10 效应载体和报告载体在烟草体内的共表达试验

3. GUS 酶活测定结果分析

采用基因枪法将报告载体 pCAM-DOF、pCAM-D-M5、pCAM-DOFp(+)和pCAM-DOFp(-)分别与效应载体 pROKⅡ-*ATDOF*5.8 瞬时共转化烟草叶片,以pCAMBIA1301 空质粒作为阳性对照,以共转化 pROKⅡ和 pCAM-DOFp(+)作为阴性对照,分别测定含有不同共转化子的烟草叶片中 GUS 酶活。结果如图 5.11 所示,当共转化 pROKⅡ-*ATDOF*5.8 和 pCAM-DOF 或 pROKⅡ-*ATDOF*5.8 和 pCAM-DOFp(+)时能够检测到较高的 GUS 活性,说明 GUS 报告基因被激活;然而,当共转化 pROKⅡ-*ATDOF*5.8 和 pCAM-D-M5,pROKⅡ-*ATDOF*5.8 和 pCAM-DOFp(-)或者阴性对照 pROKⅡ 和 pCAM-DOFp(+)时,测得的 GUS 活性显著降低,说明 *GUS* 报告基因并未被激活。GUS 酶活试验进一步表明 ATDOF5.8 能够通过识别含有 DOF 元

件的 *ANAC*069 启动子激活下游基因的表达。

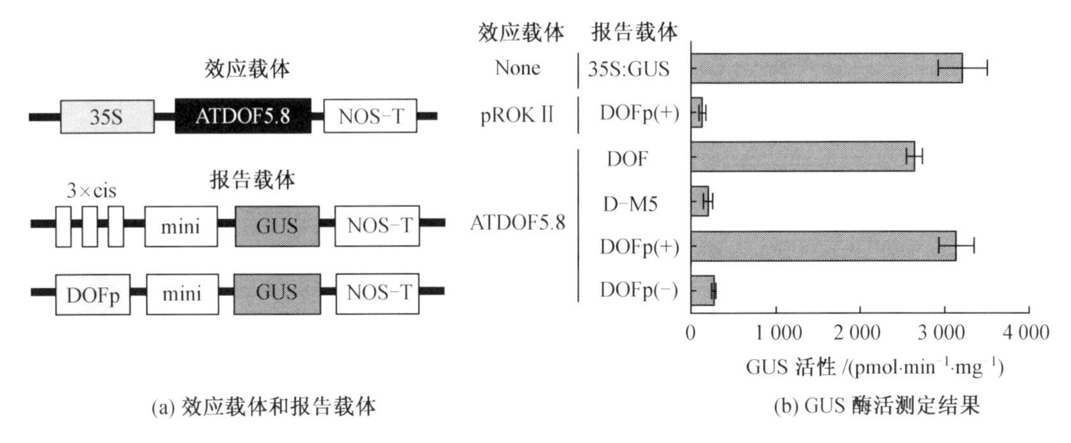

(a) 效应载体和报告载体 (b) GUS 酶活测定结果

图 5.11 共表达效应载体和报告载体的 GUS 活性分析

5.3.6 染色质免疫共沉研究 ATDOF5.8 与 *ANAC*069 启动子的结合

1. pROKⅡ-*ATDOF*5.8-*GFP* 载体转入农杆菌的检测

重组载体 pROKⅡ-*ATDOF*5.8-*GFP* 采用电击法转入农杆菌 EHA105，以载体 pROKⅡ-F 和 pROKⅡ-R 为引物，农杆菌菌液 PCR 检测结果表明载体构建成功，如图 5.12 所示。

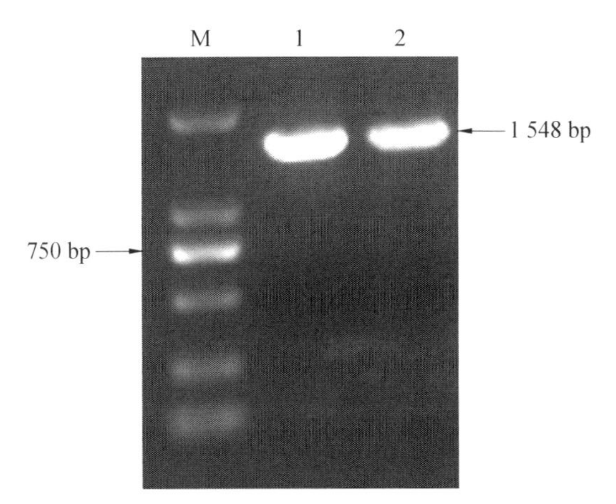

图 5.12 重组质粒 pROKⅡ-*ATDOF*5.8-*GFP* 转入农杆菌后菌液 PCR 检测结果

M. DL2000 DNA Marker；1～2. 农杆菌菌液 PCR 产物

2. PCR 分析染色质免疫共沉淀的结果

为了研究 ATDOF5.8 蛋白与 *ANAC*069 启动子在拟南芥体内能否互作，用含有重组载体 pROKⅡ-*ATDOF*5.8-*GFP*(35S:*ATDOF*5.8-*GFP*)的农杆菌瞬时侵染野生型拟南芥，使 *ATDOF*5.8 和 *GFP* 的融合基因在体内瞬时大量表达，利用 GFP 抗体进行免疫共沉淀反应，若 ATDOF5.8 蛋白能够与 *ANAC*069 启动子结合，则以沉淀下来的 DNA 为模板，能够扩增出 *ANAC*069 启动子片段。用 35S:*GFP* 和 35S:*ATDOF*5.8-*GFP* Input 样品为模板作为阳性对照，用 35S:*GFP* 免疫共沉淀样品作为阴性对照，结果如图

5.13 所示，以 35S:*GFP* Input 样品为模板和以 35S:*ATDOF*5.8－*GFP* Input 样品为模板时，3 对引物均能扩增出目的条带，表明染色质的断裂效果较好；以 35S:*ATDOF*5.8－*GFP* 免疫共沉淀样品为模板时，第 3 对引物能够扩增出 *ANAC*069 启动子条带，而以 35S:*GFP* 免疫共沉淀样品为模板时，3 对引物均无法扩增出条带，说明 ATDOF5.8 蛋白在拟南芥体内能够特异性地富集 *ANAC*069 启动子片段。

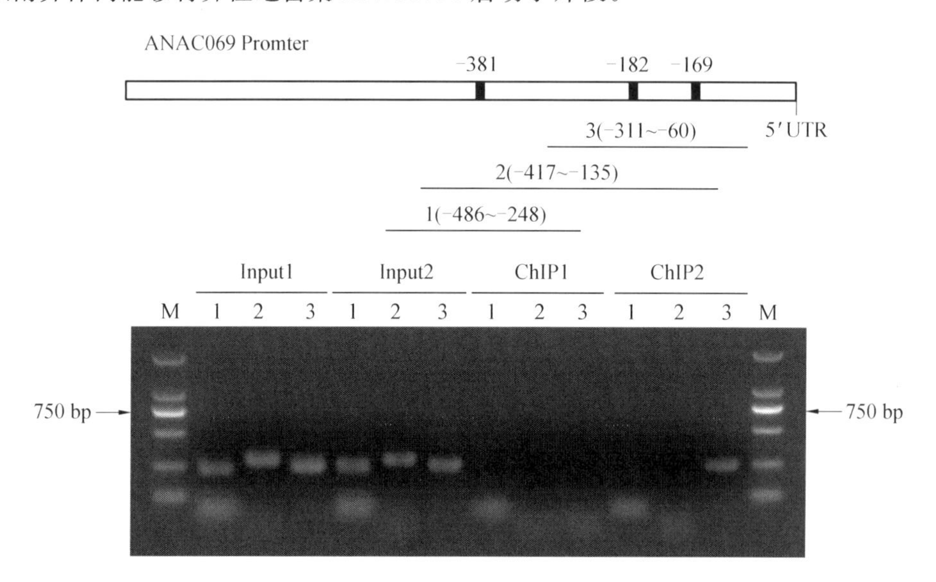

图 5.13　ChIP 试验分析 ATDOF5.8 与 *ANAC*069 启动子片段的体内结合能力

Input1 1～3. 以 35S:*GFP* 对照样品为模板，3 对引物 PCR 产物；

Input2 1～3. 以 35S:*ATDOF*5.8－*GFP* 对照样品为模板，3 对引物 PCR 产物；

ChIP1 1～3. 以 35S:*GFP* 免疫共沉淀样品为模板，3 对引物 PCR 产物；

ChIP2 1～3. 以 35S:*ATDOF*5.8－*GFP* 免疫共沉淀样品为模板，3 对引物 PCR 产物

5.3.7　*ATDOF*5.8 及 *ANAC*069 基因的表达模式分析

利用实时定量 PCR 研究 *ANAC*069 和 *ATDOF*5.8 基因分别在 ABA、NaCl 和甘露醇处理条件下在拟南芥的根和叶中的表达模式。如图 5.14 所示，在根中，*ANAC*069 和 *ATDOF*5.8 基因分别在 ABA 处理 3 h，盐和旱胁迫 12 h 时表达量最高。在旱胁迫下 12 h以前两个基因的表达量均呈增加趋势；而在盐胁迫下 12 h 以前两个基因的表达量迂回增加，即先上升再下降再上升，但总体呈上升趋势。在 NaCl 和甘露醇处理 12 h 以后，两个基因的表达量均下降。在叶中，ABA 处理条件下，*ANAC*069 和 *ATDOF*5.8 基因表达量总体呈上升趋势，除了在 3 h 有所下降。在叶中，NaCl 处理后 *ANAC*069 和 *ATDOF*5.8 的表达量在 12 h 达到最高值，而 12 h 以后又下降，这与根中 NaCl 处理的结果相类似。叶中甘露醇处理下，除了 12 h 两个基因的表达量下调外，总体呈上升趋势。

综上，*ATDOF*5.8 和 *ANAC*069 在根和叶中不同胁迫处理条件下表达的总体趋势是上调的且表达模式基本一致，说明这两个基因可以被非生物胁迫诱导表达，并且二者处于同一信号调控网络中，共同响应逆境反应。

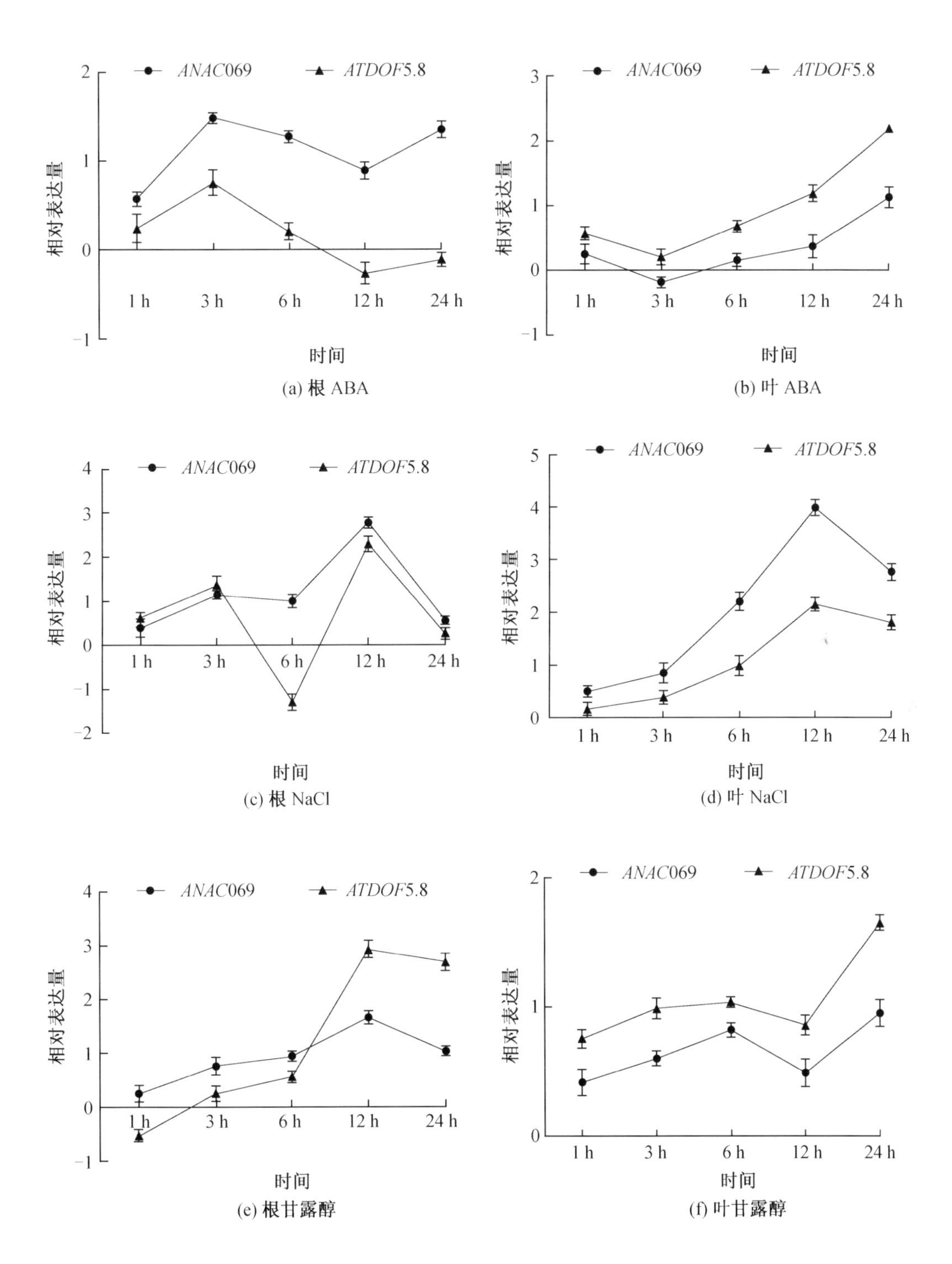

图 5.14　*ATDOF*5.8 和 *ANAC*069 基因在非生物胁迫下的表达模式

5.4 本章讨论

植物体内逆境响应基因的表达受其上游启动子中顺式作用元件和转录因子的调控。顺式作用元件(cis-acting element)是存在于启动子中的特定的 DNA 序列,是转录因子的结合位点。转录因子通过与顺式作用元件结合来调控基因转录的精确起始和转录效率。目前已经发现了许多非生物胁迫相关的顺式作用元件及转录因子,如 MYB 元件和 MYB 类转录因子,ABRE 元件和 AREB 转录因子,NACRS 元件和 NAC 类转录因子,DOF 元件和 DOF 转录因子等。顺式作用元件和转录因子的互作研究对揭示植物非生物胁迫相关基因的表达调控机制具有重要意义。

本研究从 Tair 网上获得 *ANAC*069 基因的启动子序列,利用 PLACE 和 PLANT-CARE 对启动子序列进行预测,结果显示 *ANAC*069 基因的启动子上含有多种与逆境反应相关的顺式作用元件,如 E—BOX、ABRE、W—BOX 和 DOF 元件等(图 5.1)。从中选取数目较多的 DOF 顺式作用元件进行研究。首先将 DOF 元件构建到诱饵载体上,利用酵母单杂交技术,从 *ATDOF* cDNAs 文库中钓取能够识别 DOF 元件的上游调控蛋白。选择单杂交中与 DOF 元件互作较强的 ATDOF5.8 蛋白做进一步的研究。为了研究 ATDOF5.8 蛋白对 DOF 元件特异性的识别,将 DOF 元件进行碱基逐一突变和全突变,结果显示 ATDOF5.8 蛋白无法识别突变后的 DOF 元件(图 5.5)。为了研究 ATDOF5.8 蛋白是否通过识别 DOF 元件来与 *ANAC*069 的启动子结合,分别将含有 DOF 元件和 DOF 元件缺失的 *ANAC*069 的启动子片段构建到诱饵载体上,研究二者与 ATDOF5.8 蛋白的互作情况,结果表明,ATDOF5.8 蛋白能够识别含 DOF 元件的启动子片段,元件缺失之后,识别能力丧失(图 5.7)。为了进一步证实 ATDOF5.8 蛋白对 DOF 元件及含有 DOF 元件的启动子片段的特异性识别,分别构建效应载体和报告载体,利用瞬时共转化的方式在烟草体内研究转录因子 ATDOF5.8 与 DOF 元件的互作,结果表明二者可以发生特异性互作(图 5.10 和图 5.11)。同时,将 *ATDOF*5.8 基因与 *GFP* 基因融合,构建到植物表达载体中,瞬时转化到拟南芥中,利用染色质免疫共沉淀技术分析 ATDOF5.8 蛋白对 *ANAC*069 启动子的富集作用,通过对免疫沉淀的 DNA 样品进行 PCR 检测,发现样品中含有 *ANAC*069 的启动子片段(图 5.13),证实了拟南芥体内 ATDOF5.8 蛋白与 *ANAC*069 启动子能够互作。利用实时定量 PCR 分析不同生物胁迫下 *ATDOF*5.8 及和 *ANAC*069 基因在拟南芥根和叶中的表达模式,结果显示二者有相似的表达模式(图 5.14),进一步表明二者很可能存在于同一信号通路中,共同响应同一非生物胁迫反应。本章研究充分表明 *ATDOF*5.8 和 *ANAC*069 是处于同一信号调控网络中的两个基因,无论体外还是体内的蛋白与 DNA 互作试验均显示 *ATDOF*5.8 是 *ANAC*069 的上游基因,ATDOF5.8 蛋白能够通过识别 *ANAC*069 基因启动子中的 DOF 元件来实现对 *ANAC*069 基因表达的调控。

5.5　本章小结

本章研究以 *ANAC*069 基因启动子中的 DOF 元件为诱饵，用酵母单杂交从 *ATDOF* cDNAs 文库中钓取 DOF 元件的上游调控蛋白，选取与 DOF 元件互作最强的 ATDOF5.8 蛋白做进一步的互作分析。利用酵母单杂交确定了 ATDOF5.8 蛋白与 DOF 元件及含有 DOF 元件的 *ANAC*069 启动子片段的特异性互作，并利用效应载体报告载体瞬时共转化的方式在烟草体内对互作进行验证，同时利用 ChIP 技术证实了 ATDOF5.8 蛋白和 *ANAC*069 启动子的互作在拟南芥体内真实发生，最后利用实时定量 PCR 揭示了非生物胁迫下 *ATDOF*5.8 及 *ANAC*069 基因具有极为相似的表达模式。

第6章 ANAC069转录因子的下游调控机制研究

6.1 试验材料

6.1.1 植物材料

拟南芥、小叶烟草。

6.1.2 菌株和载体

酵母菌株 Y187、大肠杆菌 Top10，农杆菌 EHA105、质粒 p53HIS2、pGADT7－p53、pHIS2 和 pGADT7－Rec2、pROKⅡ和 pCAMBIA1301，均为东北林业大学林木遗传育种国家重点实验室保存。

6.1.3 主要试剂

T4 DNA Ligase、限制性内切酶 *Eco*RⅠ、*Sac*Ⅰ、*Hin*dⅢ和 *Nco*Ⅰ，购自 Promega；
DL2000 DNA Marker 和 Ex *Taq*，购自 TaKaRa；
DMF、DMSO、3－AT、卡那霉素和氨苄霉素，购自 Sigma；
氨基酸，购自 BBI；
酵母转化试剂盒，购自 Clontech；
大肠杆菌质粒提取试剂盒、PCR 产物纯化试剂盒和胶回收试剂盒，购自 OMEGA。

6.1.4 培养基

同 4.1.3。

6.2 试验方法

6.2.1 酵母单杂交研究 ANAC069 蛋白与 NACRS 元件序列的结合

1. pHIS2 重组报告载体的构建

将 NACRS 以及 NACRS 元件的三种突变体 Ma、Mg 和 Mcacg 的寡核苷酸片段的两端同时引入 pHIS2 载体上两个酶切位点 *Eco*RⅠ和 *Sac*Ⅰ的部分碱基，利用降落 PCR 退火形成双链 DNA，合成的双链 DNA 两端带有 *Eco*RⅠ和 *Sac*Ⅰ酶切后的黏性末端，无须酶切直接与经过 *EcoR*Ⅰ和 *Sac*Ⅰ双酶切后的 pHIS2 载体连接，定向插入 pHIS2 载体的报告基因上游，获得重组报告载体 pHIS2－NACRS、pHIS2－Ma、pHIS2－Mg 和 pHIS2－Mcacg。重组报告载体的构建方法同 5.2.2，所用引物见表 6.1。

表 6.1　用于构建 pHIS2 重组报告载体的引物

引物名称	序列(5′－3′)
pHIS2－NACRS－F	5′－AATTCAGCTCTTCTTCTGTAACACGCATGTG GAGCT－3′
pHIS2－NACRS－R	5′－CCACATGCGTGTTACAGAAGAAGAGCTG－3′
pHIS2－Ma－F	5′－AATTCAAAAAATCAAAAAAAACACGCATGTG GAGCT－3′
pHIS2－Ma－R	5′－CCACATGCGTGTTTTTTTTGATTTTTTG－3′
pHIS2－Mg－F	5′－AATTCAGGGGGTCGGGGGGGACACGCATGTG GAGCT－3′
pHIS2－Mg－R	5′－CCACATGCGTGTCCCCCCCGACCCCCTG－3′
pHIS2－Mcacg－F	5′－AATTCAGCTCTTCTTCTGTAATTTTCATGTG GAGCT－3′
pHIS2－Mcacg－R	5′－CCACATGAAAATTACAGAAGAAGAGCTG－3′

注：__为引入的限制性内切酶 *Eco*RⅠ和 *Sac*Ⅰ的酶切位点的部分碱基。

以 pHIS2－F 和 pHIS2－R 为引物，大肠杆菌菌液 PCR 检测转化子，选取阳性克隆保存菌种；用大肠杆菌质粒提取试剂盒提取质粒，然后进行质粒 PCR，PCR 结果为阳性的质粒，以载体引物 pHIS2－R 和 pHIS2－F 为测序引物，送往华大基因测序，测序结果比对正确的即为构建成功的重组质粒。将重组质粒分别命名为 pHIS2－NACRS、pHIS2－Ma、pHIS2－Mg 和 pHIS2－Mcacg，－20 ℃冰箱保存备用。

2. pGADT7－*ANAC069* 重组效应载体的构建

(1)两端含 pGADT7－Rec2 载体同源序列的 *ANAC*069 基因的获得。

设计引物，在 *ANAC*069 的 ORF 序列的两端引入 pGADT7－Rec2 载体的同源序列。引物序列见表 6.2。PCR 扩增带有载体同源序列的 *ANAC*069 基因。

表 6.2　用于构建 pGADT7－*ANAC069* 载体的引物

引物名称	序列(5′－3′)
*ANAC*069－Rec2－F	5′－CAACGCAGAGTGGCCATTATGGCCCATGGTGAAAGATCTGGTTG－3′
*ANAC*069－Rec2－R	5′－TCTAGAGGCCGAGGCGGCCGACATG CTATCTCTCGCGATCAAAC－3′

注：__为引入的 pGADT7－Rec2 载体的同源序列。

反应体系：

pROKⅡ－*ANAC*069 质粒	100 ng
10×Ex *Taq* Buffer	2.0 μL
dNTPs(10 mmol/L)	0.4 μL

*ANAC*069－Rec2－F (10 μmol/L)	1.0 μL
*ANAC*069－Rec2－R(10 μmol/L)	1.0 μL
Ex *Taq*(5 U/ μL)	0.25 μL
用 dd H_2O 补足体积至	20.0 μL

反应程序:94 ℃ 2 min;30 个循环:94 ℃ 30 s,58 ℃ 30 s,72 ℃ 30 s;72 ℃ 7 min。

用 1%的琼脂糖凝胶电泳检测 PCR 结果,PCR 产物用胶回收试剂盒回收,电泳检测胶回收产物,测定浓度。

(2)载体 pGADT7－Rec2 的酶切。

用限制性内切酶 *Sma* Ⅰ对 pGADT7－Rec2 质粒进行单酶切。

反应体系:

pGADT7－Rec2 质粒	1.0 μg
10 × Buffer J	2.0 μL
BSA(10 mg/mL)	0.2 μL
Sma Ⅰ (10 U/ μL)	1.0 μL
用 dd H_2O 补足体积至	20 μL

25 ℃酶切 4 h,用 1%的琼脂糖凝胶电泳检测酶切产物,若 pGADT7－Rec2 质粒完全线性化,用胶回收试剂盒回收,电泳检测回收产物,并用紫外分光光度计测定浓度。

(3)*ANAC*069 基因与线性化的 pGADT7－Rec2 质粒连接。

反应体系及程序同 2.2.2。

(4)连接产物转化大肠杆菌及阳性克隆鉴定。

将 5 μL 连接液转入大肠杆菌 Top10 感受态细胞(方法同 2.2.2),涂布于含氨苄霉素(终质量浓度为 50 mg/L)的 LB 固体筛选平板上。随机挑取筛选培养基上的单克隆进行扩大培养,以 *ANAC*069－Rec2－F 和 *ANAC*069－Rec2－R 为引物,进行菌液 PCR,将阳性克隆保存菌种并提取质粒,质粒进行 PCR。电泳检测质粒 PCR 结果,将阳性重组质粒命名为 pGADT7－*ANAC*069,－20 ℃冰箱保存备用。

3.酵母单杂交研究 ANAC069 与 NACRS 元件的结合

酵母小量转化法将 pGADT7－*ANAC*069 重组质粒分别与 pHIS2－NACRS、pHIS2－Ma、pHIS2－Mg 和 pHIS2－Mcacg 质粒共转化进酵母 Y187 感受态细胞。以共转化 p53HIS2 和 pGADT7－p53 质粒为阳性对照,以共转化 p53HIS2 和 pGADT7－*ANAC*069 质粒为阴性对照。

(1)酵母感受态细胞制备。

方法同 4.2.2。

(2)酵母细胞小量转化。

方法同 4.2.2,共转化所用质粒见表 6.3。转化液涂布于 SD/－Trp/－Leu 培养基上。

表 6.3　单杂交所用质粒

Prey(100 ng)	Bait(100 ng)
pGADT7－*ANAC*069	pHIS2－NACRS
pGADT7－*ANAC*069	pHIS2－Ma
pGADT7－*ANAC*069	pHIS2－Mg
pGADT7－*ANAC*069	pHIS2－ Mcacg
pGADT7－*ANAC*069	p53HIS2
pGADT7－p53	p53HIS2

(3)转化的 Y187 酵母细胞的进一步筛选。

挑取 SD/－Trp/－Leu 平板上的酵母细胞，在液体 SD/－Trp/－Leu 培养基中 30 ℃振荡培养 2～3 天直到菌液 OD_{600} 值达到 1.0。将菌液原液以及 10 倍和 100 倍稀释液分别点点于 3－AT 浓度为 0 mmol/L、20 mmol/L、40 mmol/L、60 mmol/L 的 SD/－Trp/－Leu/－His 的筛选平板上，30 ℃倒置培养 2～3 天，观察结果。

6.2.2　瞬时表达试验证实 ANAC069 与 NACRS 的互作

1. pCAMBIA1301 重组报告载体的构建

设计引物，通过引物合成的方式将顺式作用元件 NACRS 以及 NACRS 的 3 个突变体分别与 CaMV35S minimal promoter(46 bp)连接，上下游引物分别引入 *Hin*d Ⅲ和 *Nco* Ⅰ酶切位点的部分碱基(表 6.4)，引物退火直接合成带有黏性末端的双链 DNA。用合成的双链 DNA 定向替换 pCAMBIA1301 载体中的 CaMV35S，构建重组报告表达载体 pCAM－NACRS、pCAM－Ma、pCAM－Mg 和 pCAM－Mcacg。

表 6.4　用于构建 pCAMBIA1301 重组报告载体的引物序列

名称	序列(5′－3′)
pCAM －NACRS－F	5′－AGCTTTCTTCTGTAACACGCATGTGACCCTTCCTCTATATAAGGAAGTTCATTTCATTTGGAGAGAACACGGC－3′
pCAM －NACRS－R	5′－CATGGCCGTGTTCTCTCCAAATGAAATGAACTTCCTTATATAGAGGAAGGGTCACATGCGTGTTACAGAAGAA－3′
pCAM －Ma－F	5′－AGCTTTCAAAAAAAACACGCATGTGACCCTTCCTCTATATAAGGAAGTTCATTTCATTTGGAGAGAACACGGC－3′
pCAM －Ma－R	5′－CATGGCCGTGTTCTCTCCAAATGAAATGAACTTCCTTATATAGAGGAAGGGTCACATGCGTGTTTTTTTTGAA－3′
pCAM －Mg－F	5′－AGCTTTCGGGGGGGACACGCATGTGACCCTTCCTCTATATAAGGAAGTTCATTTCATTTGGAGAGAACACGGC－3′

续表 6.4

名称	序列(5′—3′)
pCAM—Mg—R	5′—CATGGCCGTGTTCTCTCCAAATGAAATGAACTTCCTTATATAGAGGAAGGGTCACATGCGTGTCCCCCCCGAA—3′
pCAM—Mcacg—F	5′—AGCTTTCTTCTGTAATTTTCATGTGACCCTTCCTCTATATAAGGAAGTTCATTTCATTTGGAGAGAACACGGC—3′
pCAM—Mcacg—R	5′—CATGGCCGTGTTCTCTCCAAATGAAATGAACTTCCTTATATAGAGGAAGGGTCACATGAAAATTACAGAAGAA—3′
1301L	5′—ATGTTGTGTGGAATTGTGAGCGG—3′
1301R	5′—GAGAAAAGGGTCCTAACCAAG—3′

注：____为引入的限制性内切酶 *Hind*Ⅲ和 *Nco*Ⅰ的酶切位点；____为 CaMV 35S 的 46 bp 小启动子，尾端加一个碱基 G。

(1)双链顺式作用元件的合成。

反应体系：

寡核苷酸上游引物(100 μmol/L)	9 μL
寡核苷酸下游引物(100 μmol/L)	9 μL
10×PCR Buffer	2 μL

反应程序：95 ℃ 30 s，72 ℃ 2 min，37 ℃ 2 min，25 ℃ 2 min。

(2)pCAMBIA1301 质粒的双酶切。

pCAMBIA1301 质粒用限制性内切酶 *Hind* Ⅲ和 *Nco* Ⅰ双酶切。

反应体系：

pCAMBIA1301 质粒	1.0 μg
10×Buffer E	2.0 μL
BSA(10 mg/mL)	0.2 μL
Nco Ⅰ(10 U/μL)	1.0 μL
Hind Ⅲ(10 U/μL)	1.0 μL
用 dd H_2O 将体积补到	20.0 μL

置于 37 ℃ 7 h，然后用 1%的琼脂糖凝胶电泳检测酶切产物，待质粒被完全酶切后用胶回收试剂盒回收线性的 pCAMBIA1301 质粒。电泳检测胶回收效果，并用紫外分光光度计测定其浓度。

(3)作用元件与报告载体(pCAMBIA1301)的连接。

将双链的顺式作用元件与双酶切后的 pCAMBIA1301 连接。

反应体系：

pCAMBIA1301 质粒	200 ng
NACRS/Ma/Mg/Mcacg	200 ng
10×T4 Ligase Buffer	1.0 μg
T4 DNA 连接酶	1.0 μL
用 dd H_2O 补足体积至	10.0 μL

反应条件：置于 16 ℃温育 12～16 h。

(4)连接产物转化大肠杆菌及阳性克隆鉴定。

将连接液转入大肠杆菌 Top10 感受态细胞(方法同 2.2.2)，涂布在卡那霉素(终质量浓度为 50 mg/L)的 LB 固体筛选平板上。随机挑取筛选培养基上的单克隆扩大培养，以 1301L 和 1301R 为引物菌液 PCR，检测为阳性的克隆保存菌种，提取质粒，质粒进行 PCR，电泳检测为阳性的质粒送华大基因测序，测序结果比对正确的即为构建成功的重组质粒。将重组报告质粒命名为 pCAM－NACRS、pCAM－Ma、pCAM－Mg 和 pCAM－Mcacg。

2. 重组效应载体的构建

克隆缺失 C 端的 *ANAC*069 片段(*ANAC*069ΔC，861 bp)，大小等同于 2011 年 Park 所确定 *ANAC*069 的核定位片段，将其构建到过表达载体 pROKⅡ上，方法同 3.2.1。

3. 瞬时转化试验研究 ANAC069 对 NACRS 的识别

(1)基因枪瞬时转化烟草叶片。

选取烟草约 2 cm×2 cm 大小的叶片，背面向上平铺在 1/2 MS 固体培养基上，暗处理 1 天，备用。

① 微载体的洗涤。方法同 2.2.4。

② 微载体的包埋。

包埋体系：

洗涤后的微载体(60 mg/mL)	50.0 μL
重组报告质粒(1 μg/ μL)	5.0 μL
pROKⅡ－*ANAC*069ΔC(1 μg/ μL)	5.0 μL
$CaCl_2$(2.5 mol/L)	50.0 μL
亚精氨(0.1 mol/L)	20.0 μL

包埋过程同 2.2.4。

③ 瞬时转化和暗培养。利用 PDS－1000 台式基因枪，选用 1 350 psi 的可裂膜，轰击距离为 6 cm。将包埋好的微载体(10 μL/枪)轰击到经过预培养的烟草叶片中。转化后的烟草 23 ℃暗培养 2 天，取部分烟草叶片进行 GUS 染色，37 ℃过夜，第二天早上脱色，观察结果。

(2)荧光法测定 GUS 酶活。

① 植物总蛋白的提取。

a. 取上述暗培养后的烟草叶片 100 mg 左右,液氮速冻,研钵研磨;

b. 将研磨破碎的组织转移到离心管中,加入 1 mL GUS 酶提取缓冲液,混匀;

c. 12 000 r/min,4 ℃离心 5 min,上清转移到另一洁净的离心管中,冰上静置。

② 蛋白浓度的测定。

a. 制作标准曲线。取 7 个离心管,分别加入 0 μL、2 μL、4 μL、8 μL、12 μL、16 μL 和 20 μL 的 BSA 标准液,用水补至相同体积 20 μL,加入 980 μL 的考马斯亮蓝 G250 溶液,充分混匀,冰上静置 5 min。用紫外分光光度计测定 595 nm 处的吸收值,以蛋白质量浓度(mg/mL)对吸收值 A_{595} 作标准曲线。

b. 提取液蛋白含量测定。取待测蛋白样品 10 μL,加入 10 μL 水,加入 980 μL 的考马斯亮蓝 G250 溶液,充分混匀,冰上静置 5 min。用紫外分光光度计测定 595 nm 处的吸收值,代入公式求出蛋白样品的浓度。

③ 荧光值的测定。

a. 将 GUS 提取缓冲液于 37 ℃预热;

b. 取 5 支离心管,各加入 900 μL 反应终止液,编号为 1～5;

c. 取 100 μL 蛋白上清,加入 400 μL 经过预热的 GUS 提取缓冲液,再加入 500 μL MUG 底物(2 mmol/L)置于 37 ℃温浴;

d. 在 0 min、15 min、30 min、45 min 和 60 min 分别取混合反应物 100 μL 加入到 900 μL的反应终止液中(1～5),室温避光保存;

e. 以 1 号管为空白对照,用荧光分光光度计在激发波长 365 nm、发射波长 455 nm、狭缝 10 nm 时测定不同时间点的荧光强度。

④ 4—MU 含量测定。

a. 制作标准曲线。用反应终止液配制 4—MU 梯度浓度液:0 nmol/L、100 nmol/L、1 μmol/L、10 μmol/L 和 100 μmol/L,以反应终止液为空白溶液,在激发波长 365 nm、发射波长455 nm、狭缝 10 nm 条件下测定各样品的荧光强度,以 4—MU 浓度对荧光值作标准曲线。

b. 从标准曲线上查出 2～5 号管的 4—MU 含量。

⑤ GUS 酶活计算。

GUS 酶活[pmol/(min · mg)]=样品 4—MU 含量/反应时间/蛋白含量

6.2.3 cDNA 微阵列分析不同株系的表达谱

用 200 mmol/L 的 NaCl 处理 4 周大小的 *ANAC*069 突变体株系(KO—2 株系)和 *ANAC*069 过表达株系(OE—3 株系)土壤苗 3 h,整株取材,液氮速冻,送往上海欧易生物医学科技有限公司进行 Affymetrix 表达谱芯片分析。每个样品设置 3 次生物学重复。为了鉴定 ANAC069 能够识别的顺式作用元件,从表达谱数据中随机选取 59 个差异表达基因,从 Tair 网站上获得它们的启动子序列(转录起始位点为 1 000 bp),利用 MEME (Multiple EM for Motif Elicitation)软件进行在线预测。

6.2.4　ANAC069 识别其他顺式作用元件分析

1. pHIS2 重组报告载体的构建

为证实 ANAC069 与保守序列[GCA][CA]C[AG]CG[TG]的互作情况，设计 4 种形式的元件，即 NRS1：GACACGT；NRS2：GCCACGT；NRS3：CACACGT；NRS4：CCCACGT。将 4 种元件分别串联重复 3 次，定向插入 pHIS2 载体的报告基因上游，获得重组报告载体 pHIS2－NRS1、pHIS2－NRS2、pHIS2－NRS3、pHIS2－NRS4。pHIS2 重组报告载体的构建方法同 5.2.2，所用引物见表 6.5。

表 6.5　用于构建 pHIS2 重组报告载体的引物序列

引物名称	序列(5′－3′)
pHIS2－NRS1－F	5′－AATTCGACACGTGACACGTGACACGT GAGCT－3′
pHIS2－NRS1－R	5′－CACGTGTCACGTGTCACGTGTCG－3′
pHIS2－NRS2－F	5′－AATTCGCCACGTGCCACGTGCCACGT GAGCT－3′
pHIS2－NRS2－R	5′－CACGTGGCACGTGGCACGTGGCG－3′
pHIS2－NRS3－F	5′－AATTCCACACGTCACACGTCACACGT GAGCT－3′
pHIS2－NRS3－R	5′－CACGTGTGACGTGTGACGTGTGG－3′
pHIS2－NRS4－F	5′－AATTCCCCACGTCCCACGTCCCACGT GAGCT－3′
pHIS2－NRS4－R	5′－CACGTGGGACGTGGGACGTGGGG－3′
pHIS2 －C1－F	5′－AATTCCACGTCACGTCACGT GAGCT－3′
pHIS2 －C1－R	5′－CACGTGACGTGACGTGG－3′
pHIS2 －C2－F	5′－AATTCCACGGCACGGCACGG GAGCT－3′
pHIS2 －C2－R	5′－CCCGTGCCGTGCCGTGG－3′
pHIS2 －C3－F	5′－AATTCCGCGTCGCGTCGCGT GAGCT－3′
pHIS2 －C3－R	5′－CACGCGACGCGACGCGG－3′
pHIS2 －C4－F	5′－AATTCCGCGGCGCGGCGCGG GAGCT－3′
pHIS2 －C4－R	5′－CCCGCGCCGCGCCGCGG－3′
pHIS2 －M1－F	5′－AATTCAACGTAACGTAACGT GAGCT－3′
pHIS2 －M1－R	5′－CACGTTACGTTACGTTG－3′
pHIS2 －M2－F	5′－AATTCCAAGTCAAGTCAAGT GAGCT－3′
pHIS2 －M2－R	5′－CACTTGACTTGACTTGG－3′
pHIS2 －M3－F	5′－AATTCCACTTCACTTCACTT GAGCT－3′
pHIS2 －M3－R	5′－CAAGTGAAGTGAAGTGG－3′
pHIS2 －M4－F	5′－AATTCAAATTAAATTAAATT GAGCT－3′
pHIS2 －M4－R	5′－CAATTTAATTTAATTTG－3′

注：__为引入的限制性内切酶 *Eco*R Ⅰ 和 *Sac* Ⅰ 的酶切位点的部分碱基。

为了进一步证实 ANAC069 与保守序列 C[A/G]CG[T/G]的特异性互作情况，设计 4 种形式共 8 种元件，即 C1：CACGT；C2：CACGG；C3：CGCGT；C4：CGCGG；M1：AACGT；M2：CAAGT；M3：CACTT；M4：AAATT 。将 8 种元件分别串联重复 3 次，定向插入 pHIS2 载体的报告基因上游，获得重组报告载体 pHIS2－C1、pHIS2－C2、pHIS2－C3、pHIS2－C4、pHIS2－M1、pHIS2－M2、pHIS2－M3、pHIS2－M4。pHIS2 重组报告载体的构建方法同 5.2.2，所用引物见表 6.5。

2. ANAC069 与元件的结合

酵母小量转化法将 pGADT7－*ANAC*069 重组质粒分别与 pHIS2－元件质粒共转化进酵母 Y187 感受态细胞。以共转化 p53HIS2 和 pGADT7－p53 质粒为阳性对照，以共转化 p53HIS2 和 pGADT7－*ANAC*069 质粒为阴性对照。

(1)酵母感受态细胞制备。

方法同 4.2.2。

(2)酵母细胞的小量转化。

方法同 4.2.2，所用质粒见表 6.6。

(3)转化的 Y187 酵母细胞的进一步筛选。

挑取 SD/－Trp/－Leu 平板上的酵母细胞，在液体 SD/－Trp/－Leu 培养基中 30 ℃振荡培养 2～3 天直到菌液 OD_{600} 值达到 1.0。将菌液原液以及 10 倍和 100 倍稀释液分别点点于 3－AT 浓度为 0 mmol/L、40 mmol/L、60 mmol/L、80 mmol/L 和 100 mmol/L 的 SD/－Trp/－Leu/－His 的筛选平板上，30 ℃倒置培养 2～3 天，观察结果。

表 6.6　单杂交所用质粒

Prey(100 ng)	Bait(100 ng)
pGADT7－*ANAC*069	pHIS2－NRS1
pGADT7－*ANAC*069	pHIS2－NRS2
pGADT7－*ANAC*069	pHIS2－NRS3
pGADT7－*ANAC*069	pHIS2－NRS4
pGADT7－*ANAC*069	pHIS2－C1
pGADT7－*ANAC*069	pHIS2－C2
pGADT7－*ANAC*069	pHIS2－C3
pGADT7－*ANAC*069	pHIS2－C4
pGADT7－*ANAC*069	pHIS2－M1
pGADT7－*ANAC*069	pHIS2－M2
pGADT7－*ANAC*069	pHIS2－M3
pGADT7－*ANAC*069	pHIS2－M4
pGADT7－*ANAC*069	p53HIS2
pGADT7－p53	p53HIS2

3. pCAMBIA1301 重组报告载体的构建

(1)pCAM －NRS1～4 重组载体的构建。

设计引物，通过引物合成的方式将顺式作用元件 NRS1～4 串联重复 4 次，分别与 CaMV35S minimal promoter(46 bp)连接，上下游引物分别引入 *Hind* Ⅲ和 *Nco* Ⅰ 酶切位点的部分碱基(表 6.7)，引物退火直接合成带有黏性末端的双链 DNA。用合成的双链 DNA 定向替换 pCAMBIA1301 载体中的 CaMV35S，构建重组报告表达载体 pCAM－NRS1～4。具体方法见 6.2.2。

表 6.7 用于构建 pCAMBIA1301 重组报告载体的引物序列

引物名称	序列(5′－3′)
pCAM －NRS1－F	5′－AGCTTGACACGTGACACGTGACACGTGACACGTACCCTTCCTC TATATAAGGAAGTTCATTTCATTTGGAGAGAACACGGC－3′
pCAM －NRS1－R	5′－CATGGCCGTGTTCTCTCCAAATGAAATGAACTTCCTTATATAGA GGAAGGGTACGTGTCACGTGTCACGTGTCACGTGTCA－3′
pCAM －NRS2－F	5′－ AGCTTGCCACGTGCCACGTGCCACGTGCCACGTACCCTTCCTCT ATATAAGGAAGTTCATTTCATTTGGAGAGAACACGGC－3′
pCAM －NRS2－R	5′－CATGGCCGTGTTCTCTCCAAATGAAATGAACTTCCTTATATAGA GGAAGGGTACGTGGCACGTGGCACGTGGCACGTGGCA－3′
pCAM －NRS3－F	5′－AGCTTCACACGTCACACGTCACACGTCACACGTACCCTTCCTC TATATAAGGAAGTTCATTTCATTTGGAGAGAACACGGC－3′
pCAM －NRS3－R	5′－CATGGCCGTGTTCTCTCCAAATGAAATGAACTTCCTTATATAGA GGAAGGGTACGTGTGACGTGTGACGTGTGACGTGTGA－3′
pCAM －NRS4－F	5′－AGCTTCCCACGTCCCACGTCCCACGTCCCACGTACCCTTCCTCT ATATAAGGAAGTTCATTTCATTTGGAGAGAACACGGC－3′
pCAM －NRS4－R	5′－CATGGCCGTGTTCTCTCCAAATGAAATGAACTTCCTTATATAGA GGAAGGGTACGTGGGACGTGGGACGTGGGACGTGGGA－3′
pCAM －C1－F	5′－AATTCCACGTCACGTCACGTA－3′
pCAM －C1－R	5′－AGCTTACGTGACGTGACGTGG－3′
pCAM －C2－F	5′－AATTCCACGGCACGGCACGGA－3′
pCAM －C2－R	5′－AGCTTCCGTGCCGTGCCGTGG－3′
pCAM －C3－F	5′－AATTCCGCGTCGCGTCGCGTA－3′
pCAM －C3－R	5′－AGCTTACGCGACGCGACGCGG－3′
pCAM －C4－F	5′－AATTCCGCGGCGCGGCGCGGA－3′
pCAM －C4－R	5′－AGCTTCCGCGCCGCGCCGCGG－3′

续表6.7

引物名称	序列(5′—3′)
pCAM —M1—F	5′—AATTCAACGTAACGTAACGTA—3′
pCAM —M1—R	5′—AGCTTACGTTACGTTACGTTG—3′
pCAM —M2—F	5′—AATTCCAAGTCAAGTCAAGTA—3′
pCAM —M2—R	5′—AGCTTACTTGACTTGACTTGG—3′
pCAM —M3—F	5′—AATTCCACTTCACTTCACTTA—3′
pCAM —M3—R	5′—AGCTTAAGTGAAGTGAAGTGG—3′
pCAM —M4—F	5′—AATTCAAATTAAATTAAATTA—3′
pCAM —M4—R	5′—AGCTTAATTTAATTTAATTTG—3′

注：____为引入的限制性内切酶 *Hind* Ⅲ和 *Nco* Ⅰ的酶切位点；____为 CaMV 35S 的 46 bp 小启动子，尾端加一个碱基 G；......为引入的限制性内切酶 *Eco*RⅠ和 *Hind* Ⅲ的酶切位点。

(2)pCAM—C1～4、pCAM—M1～4 重组载体的构建。

① pCAMBIA1301 载体的线性化。使用改造后的 pCAMBIA1301 质粒(其中 35S:hygromycin 区域被切除，并且 46 bp 小启动子连接了一段 KOZA 序列，替换了原来的 35S 启动子去驱动 *GUS* 基因的表达)构建 pCAM—C1、—C2、—C3、—C4、—M1、—M2、—M3、—M4，用 *EcoR* Ⅰ和 *Hind* Ⅲ将该质粒进行酶切，37 ℃反应 6 h 后，进行胶回收，回收产物—20 ℃保存备用。

②双链 cDNA 的合成。将元件 C1、C2、C3、C4 和突变元件 M1、M2、M3、M4 串联重复 3 次后，5′端和 3′端再分别加上 pCAMBIA1301 载体上的 *Eco*RⅠ和 *Hind* Ⅲ酶切位点的黏性末端“AATTC”和“A”，组合成的序列为上游寡聚核苷酸序列。同时将 3 次串联重复后的反补序列，并在 5′端和 3′端分别加上 *Hind* Ⅲ和 *EcoR* Ⅰ双酶切位点的黏性末端“AGCTT”和“G”，组合而成的序列为下游寡聚核苷酸序列。其序列的合成见表 6.7。

分别合成 100 mmol/L 的上下游单链寡聚核苷酸序列，然后于 PCR 管中分别加入 2 μL 10×Ex *Taq* PCR Buffer，9.0 μL 100 μmol/L 的上游序列，9.0 μL 100 μmol/L 的下游序列，充分混匀后，放在 PCR 仪中，反应程序为 95 ℃ 30 s，72 ℃ 2 min，37 ℃ 2 min，25 ℃ 2 min，复性形成双链 cDNA，反应完成后，放于冰上，并将复性的双链 cDNA 稀释 100 倍后备用。

③ 双链 cDNA 与 pCAMBIA1301 载体的连接。PCR 管中分别加入 200 ng 线性化的 pCAMBI1301 胶回收产物，5 μL 稀释后的双链 cDNA，1.0 μL 10×Ligase Buffer，1.0 μL T4 DNA Ligase (3 U/ μL)，用 dd H_2O 定容至 10 μL 后，充分混匀，于 16 ℃条件下反应过夜。次日，取 5 μL 连接产物转化到 50 μL 大肠杆菌 Top10 感受态细胞中，涂板于含有 50 mg/L 的卡那霉素的 LB 固体培养基中，37 ℃倒置培养过夜，筛选获得的阳性克隆扩大培养后，把菌液用 pCAMBIA1301 载体引物进行测序验证，成功的菌株扩大培养后提取质粒。

4. 瞬时共转化验证 ANAC069 对靶元件的识别

为研究 ANAC069 对 NRS1～4 和 NACRS 的识别，将效应载体 pROKⅡ－*ANAC*069ΔC 分别与 5 种报告载体利用基因枪法共转化到烟草叶片中，作为试验组，对照组中以 35S 驱动 *GUS* 基因表达的 pCAMBIA1301 空载体作为阳性对照，以报告载体分别和空的效应载体 pROKⅡ共转化作为阴性对照。效应载体和报告载体共转化到烟草叶片 24 h 后，将试验组和对照组的部分烟草叶片分别转移到含 200 mmol/L NaCl 的 1/2 MS 培养基上胁迫处理 24 h，然后分别测定胁迫处理和未处理的烟草叶片的 GUS 酶活。具体操作方法同 6.2.2。

为研究 ANAC069 对 C1～4 序列以及突变的序列 M1～4 的识别，将效应载体 pROKⅡ－*ANAC*069ΔC 分别与 8 种报告载体利用基因枪法共转化到烟草叶片中，作为试验组，对照组中以 35S 驱动 *GUS* 基因表达的 pCAMBIA1301 空载体作为阳性对照，以效应载体 pROKⅡ－*ANAC*069ΔC 作为阴性对照。效应载体和报告载体共转化到烟草叶片24 h后，测定烟草叶片的相对 GUS 活性。

6.2.5 染色质免疫共沉淀技术研究 ANAC069 与靶基因的互作

1. 农杆菌介导的瞬时转化

将含有 pROKⅡ－*ANAC*069－GFP 质粒(35S:*ANAC*069－GFP)的农杆菌菌种平板划线，挑取单克隆摇菌，取 OD 值在 0.4～0.6 的农杆菌，3 000 r/min 离心，用 1/2 MS 液体培养基将菌液调整到 OD 值为 0.8，并加入乙酰丁香酮(终质量浓度为 100 μmol/L)，用于遗传转化。在含有农杆菌菌液的 1/2 MS 培养基中分别放入 3 周大小的野生型拟南芥，25 ℃、50 r/min 振荡培养。18 h 后将菌液倒出，加入新的 1/2 MS 液体培养基，共培养 2 天。

2. 染色质免疫共沉淀

(1)材料的准备及交联。

①材料准备。新鲜材料(质量 2～5 g)，将其用水洗净，并适当剪切，以利于放在离心管中交联。以下所涉及的所有蛋白酶抑制剂如 PMSF 及 Proteinase Cocktail(Aprotinin, Leupeptin and Pepstatin 的混合物，一般为 1 μg/mL)等均在用前加入，以防其降解失效。

②交联。室温真空条件下在 50 mL 离心管中，浸泡 30 mL 的 Buffer A 中(10 mmol/L Tris(pH 8)，0.4 mol/L sucrose，质量分数为 3.0%的 formaldehyde(体积分数为 8%～9%，即 30 mL 溶液含有 2.5 mL formaldehyde)，1 mmol/L PMSF，1× proteinase inhibitor cocktail，0.1% silwet)共 10 min，其中约在 5 min 终止真空一次，混匀材料与溶液的混合物，再进行抽真空。交联完毕后向交联溶液中直接加入 2 mL 的 2 mol/L Gly 溶液，混匀，真空条件下 2 min 终止交联(增加终止时间可减少过度交联，终止交联后的植物组织可能会变得透明)。然后，倒出溶液 A，加入冰浴的无菌水，摇动 10 s，快速倒出水，再重复洗涤一次，快速用纸巾吸干水分，立即进行液氮研磨。

(2) 细胞核的提取。

从本步骤以下所有操作均在冰上或 4 ℃条件、进口的硅化离心管中进行，以防止蛋白质与管壁互作。上述材料用液氮研磨成粉末，在研磨后加入适量 PVP，混匀(可选择，目的是结合酚类物质，避免酚类物质的氧化对细胞核的破坏），然后将粉末浸泡在预冷的 40 mL Buffer B [10 mmol/L Tris－HCl(pH 8.0)，0.4 mol/L sucrose，1.5 mmol/L $MgCl_2$，1 mmol/L DTT(或 5 mmol/L 2－mercaptoethanol)，1 mmol/L PMSF，1× proteinase inhibitor cocktail]中，装于 50 mL 的离心管中。用力晃动离心管，将其用力混匀 10～15 s，冰浴 2 min，然后在 4 ℃条件下用旋涡振荡器混匀，高速振荡 5 min(振荡的方法是在 4 ℃摇床或冰箱中用振荡器振荡)，然后冰浴 10 min(用气浴摇床，上面放置冰盒即可，注意用进口管，将管口拧紧，水平放置进行摇动，以增加振荡效果)。将溶解液用尼龙布过滤。

(3) 细胞核的纯化。

过滤液在 4 ℃条件下 1 000*g* 离心 15 min，沉淀重新悬浮于 1.2 mL 的 Buffer C [10 mmol/L Tris－HCl(pH 8.0)，0.25 mol/L sucrose，1% Triton x－100，1.5 mmol/L $MgCl_2$，1 mmol/L DTT (或 5 mmol/L 2－mercaptoethanol)，1 mmol/L PMSF，1× proteinase inhibitor cocktail]中，并在 4 ℃条件下 1 000*g* 离心 10 min。重复本步骤一次。

用 300 mL 的 Buffer D[10 mmol/L Tris/HCl(pH 8.0)，1.7 mol/L sucrose，0.15% Triton x－100，1.5 mmol/L $MgCl_2$，1 mmol/L DTT(或 5 mmol/L 2－mercaptoethanol)]，1 mmol/L PMSF，1× proteinase inhibitor cocktail)，用枪轻轻吸打，务必使沉淀悬浮起来。

在一支 2 mL 的离心管中加入 1 500 μL Buffer D[10 mmol/L Tris/HCl(pH 8.0)，1.7 mol/L sucrose，1.5 mmol/L $MgCl_2$，0.15% Triton x－100，1 mmol/L DTT(或 5 mmol/L 2－mercaptoethanol)，1 mmol/L PMSF，1× proteinase inhibitor cocktail]，14 000*g*离心 45 min，将 Buffer D 溶解的细胞核轻轻加在离心后的 Buffer D 中，切勿搅动(因为下层 Buffer D 的作用是将低分子质量杂质通过离心形成梯度密度而留在上层溶液中)，4 ℃条件下 12 000*g* 离心 60 min。

(4)细胞核的裂解及染色质的溶解。

沉淀用 350 μL 的核酸溶解 Buffer [50 mmol/L Tris－HCl(pH 8.0)，10 mmol/L EDTA，1.0% SDS，1 mmol/L PMSF，1× proteinase inhibitor cocktail]溶解，可用剪口的枪头轻轻吸打 10 次，放在冰上 90 r/min 冷却 0.5 min，如此 2～3 次(注意不要引起泡沫，如有泡沫，用移液器轻轻将泡沫吸出)。取出 10 μL 放置在冰上作为样品 1(为未剪切对照)，在解交联后与样品 2 一起电泳。

(5)超声波剪切染色质。

用超声波进行染色质破碎，注意超声波的探头要插入在管的中心部位，探头顶部接近离心管底部，不要接触管壁或偏离中心。进行超声波破碎，破碎时，将离心管置于冰水的混合液中进行。将其破碎成 0.2～1.0 kb(一般片段最大不超过 1 kb，而对于 ChIP－Seq，则要求在 0.1～0.5 kb)。方法输出功率为 10%，工作时间为 3 s，间隔时间为 15 s(增加间隔时间可以显著降低温度，避免 DPC 的解离)，操作总时长为 20～30 min(不同物种，其需要超声的时间可能不同)。超声波后，将溶液在 4 ℃条件下 12 000*g* 离心 2 min(去除不溶性污染物)，上清液转移至新的离心管中(称为染色质溶液)，取出 10 μL 检测剪切效率(样品 2)。剩余的可以存置于－80 ℃保存或直接用于下一步试验。

将样品 1 和样品 2 分别加入 10 μL TE,1 μL 5 mol/L NaCl(终浓度为 0.2 mol/L NaCl),1 μL *RNase*,1 mg/mL 的蛋白酶 K,在 50 ℃温浴 1 h,解除交联。然后加入 50 μL 水,在 PCR 管中用氯仿抽提 2 次,进行电泳检测效率。

(6)染色质的准备。

①染色质的稀释。取出 50 μL 的染色质溶液作为 input 对照(即阳性对照,表示 ChIP 后出的 PCR 目的条带并非污染带)。取 5 mL 离心管,向 200 μL 的染色质溶液中加入 1 900 μL的 ChIP Ab incubation Buffer [16.7 mmol/L Tris(pH 8.0),1.2 mmol/L EDTA,167 mmol/L NaCl,2 μg/mL BSA,1 mmol/L PMSF,1× proteinase inhibitor cocktail](在这里要加 9 倍或以上的 Buffer,将 SDS 稀释至 0.1%以下,否则会影响抗原与抗体的结合)。

② 去除染色质中与 Protein A Agarose beads 非特异性结合的物质。取出 20 μL 的 Protein A Agarose beads,用溶液 1[15 mmol/L Tris(pH 8.0),1 mmol/L EDTA,150 mmol/L NaCl]洗涤。方法为将 beads 在 1 000*g* 离心 1 min,去上清,加入溶液 1 共 500 μL,轻轻悬浮,1 000*g* 离心 1 min,去上清,然后将洗过的 Protein A Agarose beads 加入到染色质(即加入 ChIP Ab incubation Buffer 的溶液)中,轻轻混匀后,在 4 ℃条件下 12 r/min温浴 30 min,4 ℃下 1 000*g* 离心 1 min,取上清溶液。

(7)免疫共沉淀。

①抗体与抗原的结合。将上清液分成 3 份,1 份加入 HA 抗体(anti-hemagglutinin antibody)作为 ChIP－对照;另外 2 份每份为 700 μL,进行免疫共沉,向这两个管中分别加入 5～7 μL 的 GFP 抗体。用枪轻轻吸打混匀,6 ℃、60 r/min 振荡过夜(时间不少于 10 h)。然后向每个管中分别加入 60 μL 洗涤后的 Protein A Agarose beads[用 15 mmol/L Tris(pH 8.0),1 mmol/L EDTA,150 mmol/L NaCl 洗涤 beads],6 ℃轻轻振荡180 min。6 ℃下静止放置 20 min,再 1 000*g* 离心 2 min。

②免疫共沉产物的洗涤。分别用一次低盐[20 mmol/L Tris(pH 8.0),2 mmol/L EDTA,质量分数为 0.1%的 SDS,体积分数为 1%的 Triton X－100,150 mmol/L NaCl]、一次高盐[20 mmol/L Tris(pH 8.0),2 mmol/L EDTA,质量分数为 0.1%的 SDS,体积分数为 1%的 Triton X－100,500 mmol/L NaCl]、一次 LiCl(20 mmol/L Tris pH 8.0,1 mmol/L EDTA,体积分数 0.5%的 NP－40,质量分数为 0.5%的 Na－deoxycholate,250 mmol/L LiCl)及二次 TE Buffer (10 mmol/L Tris(pH 8.0),1 mmol/L EDTA)洗涤。洗涤方法是每次加 1 mL 洗涤液,在 4 ℃下轻微振荡洗涤 2 min,然后 1 000*g* 离心 1 min,用移液器吸弃上清(切勿触及沉淀)。

(8) 免疫共沉产物的洗脱。

向沉淀中加入 250 μL ChIP Elution Buffer(质量分数为 1%的 SDS,0.1 mol/L $NaHCO_3$,需过滤纯化),振荡 60 s,室温 100 r/min 摇动 20 min。1 000*g* 离心 3 min。将上清液移至新管中,对沉淀按上述方法重复洗涤一次。将两次的洗涤溶液合并,共 500 μL。

(9)逆转交联及 DNA 纯化。

向进行免疫共沉淀的两个管及 HA 抗体对照的管(体积 500 μL)中分别加入 21 μL

的 5 mol/L NaCl(终浓度为 0.2 mol/L)和 35～50 μg 的蛋白酶 K，向 Input 对照(20 μL 中加入 1 μL 5 mol/L NaCl 和 2 μg 蛋白酶 K)。吸打混匀后，55 ℃消化 2 h，其间不时振荡。每管加入 100 μL 苯酚和 100 μL 氯仿，振荡器振荡 1 min，12 000 r/min 离心 5 min，抽提 1 次，再加入 200 μL 氯仿，振荡器振荡 2 min，12 000 r/min 离心 5 min，取上清。向上清中加入 2 μL 糖原(DNAmate)，4 倍体积乙醇，20 μL 3 mol/L NaAc(pH 4.0)，混匀，12 000 r/min 离心 20 min。

(10)PCR 检测 ANAC069 蛋白与靶基因启动子的体内互作。

为了研究 ANAC069 蛋白与 *AT3G02840*、*ANAC019*、*AtNAP*、*ANAC055* 和 *ATAF1* 启动子的结合，在上述 5 条基因的启动子中 C[A/G]CG[T/G]元件附近设计引物，引物序列见表 6.8。以 35S:*ANAC069*－GFP 免疫沉淀后的样品为模板，用相应引物分别进行 PCR。以免疫沉淀染色质与 HA 抗体孵育作为阴性对照，以 35S:*ANAC069*－GFP 的 Input 样品作为阳性对照。

表 6.8　ChIP 试验所用 PCR 引物序列

引物名称	序列(5′－3′)
ChIP－*ANAC*019－F	5′－CATGTAGGTTCAATGAACTC－3′
ChIP－*ANAC*019－R	5′－ACAATAATGTTTGGGTCTCG－3′
ChIP－*AtNAP*－F	5′－ATGTTTCAGCTACTTTAAGG－3′
ChIP－*AtNAP*－R	5′－TCAAATGGTCATCAAACAGC－3′
ChIP－*ANAC*055－F	5′－CATAAGAGGAGGTACAGTC－3′
ChIP－*ANAC*055－R	5′－CGAAGCTCTGCTACTCGTG－3′
ChIP－*ATAF*1－F	5′－GGATTTGGATTCTAACGAC－3′
ChIP－*ATAF*1－R	5′－CTCTACCTCTGAAACTTGG－3′
ChIP－*AT*3*G*02840－P1－F	5′－CAGTGTATGAATCTACGCG－3′
ChIP－*AT*3*G*02840－P1－R	5′－GAGTGATTAAATTAGTTTTTAG－3′
ChIP－*AT*3*G*02840－P2－F	5′－AATGTATTGAAGTAATATTGG－3′
ChIP－*AT*3*G*02840－P2－R	5′－CTGTGAATAAGAATTAGTCA－3′
ChIP－*AT*3*G*02840－P3－F	5′－CATGATCGGGAACCAATATCT－3′
ChIP－*AT*3*G*02840－P3－R	5′－GACTTTTTTTTCGACGGTTAA－3′

6.3 结果与分析

6.3.1 ANAC069 蛋白特异性结合 NACRS 序列

1. pHIS2 重组报告载体的获得

将含有不同顺式作用元件(NACRS 元件和 3 种突变体)的寡核苷酸单链直接进行退火反应,合成双链 DNA,将其与酶切纯化后的 pHIS2 载体 16 ℃连接过夜,第二天转化大肠杆菌,以 pHIS—F 和 pHIS—R 为引物进行大肠杆菌菌液 PCR,结果如图 6.1 所示,初步认为靶 DNA 成功插入报告载体 pHIS2。以 pHIS—F 和 pHIS—R 为测序引物,将重组质粒 pHIS2—NACRS、pHIS2—Ma、pHIS2—Mg 和 pHIS2—Mcacg 送华大基因测序,测序结果用 Bio Edit 比对显示 NACRS 元件和 3 种突变的 NACRS 元件均插入 pHIS2 载体中,说明重组报告载体构建成功。

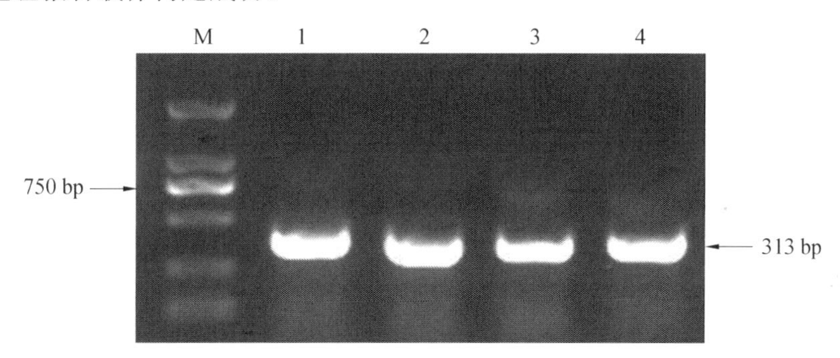

图 6.1 pHIS2—靶 DNA 重组质粒 PCR 检测

M. DL2000 DNA Marker;1. pHIS2—NACRS;2. pHIS2—Ma;3. pHIS2—Mg;4. pHIS2—Mcacg

2. pGADT7—*ANAC*069 效应载体的获得

以 *ANAC*069—Rec2—F 和 *ANAC*069—Rec2—R 为引物,对重组质粒 pGADT7—*ANAC*069 进行质粒 PCR 检测,电泳检测结果如图 6.2 所示,目的条带与 *ANAC*069 基因片段大小一致(1 374 bp),表明载体 pGADT7—*ANAC*069 构建成功。

3. ANAC069 蛋白与 NACRS 结合的分析

利用以 GAL4 为基础的酵母单杂交系统验证 ANAC069 转录因子与顺式作用元件 NACRS 的结合特性。将效应载体 pGADT7—*ANAC*069 分别与顺式作用元件 NACRS 以及突变体 Ma、Mg、Mcacg 共转化到 *HIS*3 缺陷型酵母 Y187 中,如果效应载体 pGADT7—*ANAC*069 能够识别某一顺式作用元件,就可以启动其下游 *HIS*3 报告基因的表达,使 Y187 菌株在组氨酸缺陷型培养基上正常生长,如不识别则无法正常生长。以共转化 p53HIS2 和 pGADT7—p53 作为阳性对照,共转化 p53HIS2 和 pGADT7—*ANAC*069 为阴性对照。将共转化获得的转化子分别进行 10 倍、100 倍稀释后连同原液一起在含有 3—AT 的 SD/—His/—Leu/—Trp 培养基上进行筛选,同时以培养基SD/—Leu/—Trp 上的生长作为不同转化子生长状态的阳性对照。结果如图 6.3 所示,共转化 p53HIS2/pGADT7—p53、pHIS2—NACRS/pGADT7—Rec2—*ANAC*069、pHIS2—Ma/

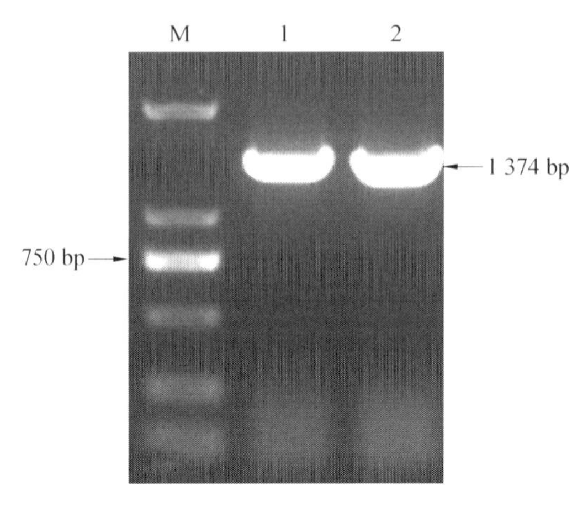

图 6.2　重组质粒 pGADT7－*ANAC*069 的 PCR 鉴定

M. DL2000 DNA Marker；1～2. pGADT7－*ANAC*069 质粒 PCR 产物

NACRS: AGCTCTTCTTCTGTAACACGCATGTG

Ma: A***AAAAA***TC***AAAAAA***AACACGCATGTG

Mg: A***GGGGG***TC***GGGGGG***AACACGCATGTG

Mcacg: AGCTCTTCTTCTGTAA***TTTT***CATGTG

(a) NACRS 及其突变体的序列

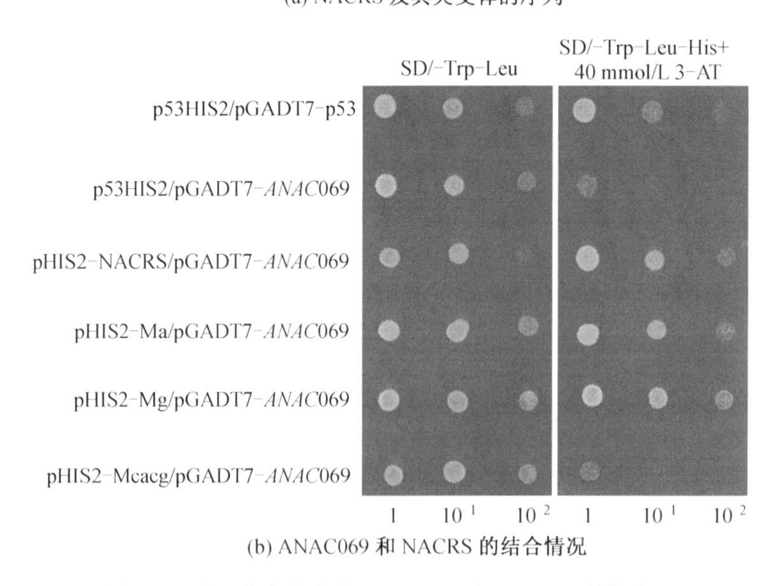

(b) ANAC069 和 NACRS 的结合情况

图 6.3　酵母单杂交分析 ANAC069 与 NACRS 的结合

pGADT7－Rec2－ANAC069、pHIS2－Mg/pGADT7－Rec2－*ANAC*069 的转化子，无论原液，还是 10 倍、100 倍的稀释液均能在筛选培养基上正常生长，而共转化 p53HIS2/pGADT7－*ANAC*069 和 pHIS2－Mcacg/pGADT7－Rec2－*ANAC*069 的转化子在筛选培养基上仅原液有非常微弱的生长，10 倍稀释和 100 倍稀释后的转化子无法生长。这表明 *ANAC*069 能够与 NACRS、Ma 和 Mg 序列发生结合，但是一旦序列“CACG”突变成

"TTTT"后，ANAC069 对 NACRS 的结合能力丧失，说明"CACG"序列是转录因子 ANAC069 与 NACRS 互作的核心结合序列，对二者的互作起至关重要的作用。

6.3.2　ANAC069 在烟草体内特异性识别 NACRS 序列

1. 用于瞬时转化的重组效应载体和报告载体的获得

在构建效应载体时，克隆缺失 C 端的 *ANAC*069 片段(*ANAC*069ΔC，861 bp)，大小等于 2011 年 Park 所确定 *ANAC*069 的核定位片段，将其构建到过表达载体 pROKⅡ上。以 pROKⅡ－F 和 pROKⅡ－R 为引物，送华大基因测序，比对结果显示重组效应载体 pROKⅡ－*ANAC*069ΔC 构建成功。将 NACRS 及 3 种突变体序列分别与 46 bp 的小启动子融合以替换 35S 启动子来驱动 *GUS* 基因，重组报告载体分别被命名为 pCAM－NACRS、pCAM－Ma、pCAM－Mg 和 pCAM－Mcacg。以 1301L 和 1301R 为载体引物，对 4 种重组载体进行 PCR 检测和测序，结果如图 6.4 所示。PCR 检测结果和测序结果均表明重组报告载体构建成功。

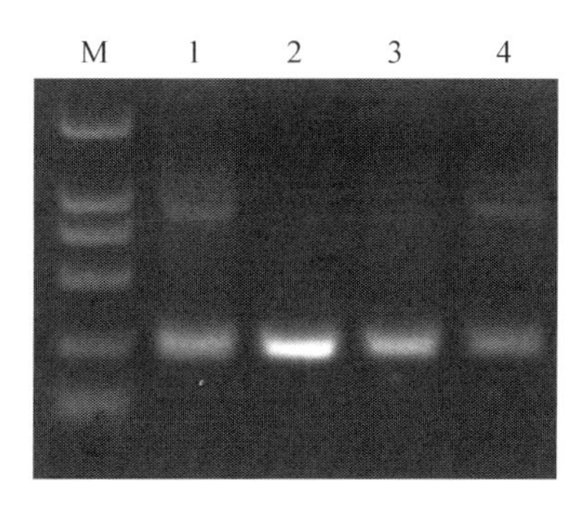

图 6.4　重组报告质粒 PCR 鉴定

M. DL2000 DNA Marker；1. pCAM－NACRS 质粒 PCR 产物；2. pCAM－Ma 质粒 PCR 产物；3. pCAM－Mg 质粒 PCR 产物；4. pCAM－Mcacg 质粒 PCR 产物

2. ANAC069 对 NACRS 的特异性识别

利用基因枪法将重组报告载体 pCAM－NACRS、pCAM－Ma、pCAM－Mg 和 pCAM－Mcacg 分别与效应载体 pROKⅡ－*ANAC*069ΔC 共转化到烟草叶片中，以报告载体 pCAM－NACRS 和空的 pROKⅡ共转化作为阴性对照，空的 pCAMBIA1301 作为阳性对照。GUS 酶活测定结果如图 6.5 所示，当效应载体 pROKⅡ－*ANAC*069ΔC 与报告载体 pCAM－NACRS 共转化时，烟草叶片中具有很高的 GUS 活性，说明 *ANAC*069ΔC 能够通过识别 NACRS 来激活下游 *GUS* 报告基因的表达；当 NACRS 的非核心序列突变以后，ANAC069ΔC 对 NACRS 的结合活性降低，ANAC069ΔC 仍能识别 Ma 和 Mg；当把 NACRS 的核心序列"CACG"完全突变，形成 Mcacg 后，ANAC069ΔC 的结合能力完全丧失，所测得的 GUS 活性与阴性对照相当。表明 ANAC069ΔC 能够识别寡核苷酸片段 NACRS 并与之结合，且核心结合序列为"CACG"，除核心结合序列以外的其他序列能够增强 ANAC069ΔC 对 NACRS 的识别能力。

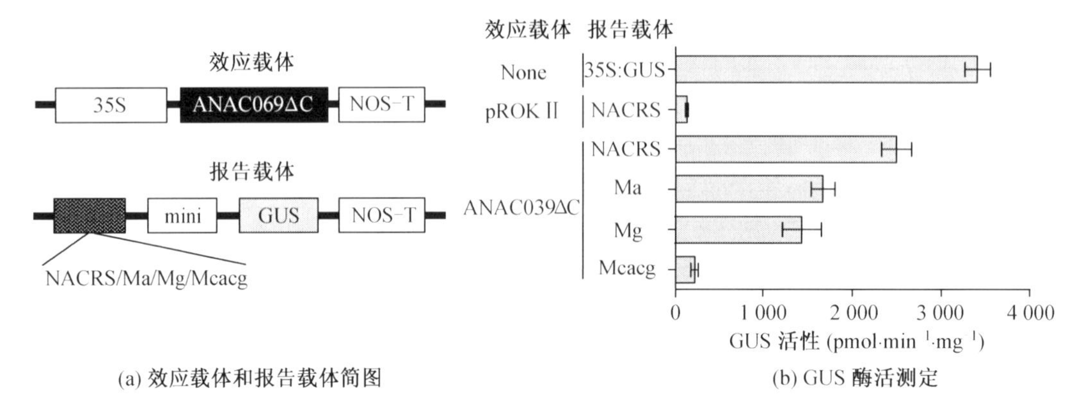

(a) 效应载体和报告载体简图 (b) GUS 酶活测定

图 6.5 利用体内瞬时表达试验分析 ANAC069 对 NACRS 的识别

6.3.3 过表达株系和突变体株系中的差异表达基因

1. 过表达株系和突变体株系中的差异表达基因比较

为了鉴定 ANAC069 所调控的下游靶基因，利用 Affymetrix 拟南芥全基因组表达谱芯片对 NaCl 处理条件下 *ANAC*069 过表达株系和突变体株系的差异表达基因进行比较。相对于突变体株系，过表达株系中共有 341 个上调基因，226 个下调基因($P<0.05$)，表 6.9 和 6.10 分别列出了部分上调基因(差异表达倍数≥4)和部分下调基因(差异表达倍数≥3)。GO 富集分析显示这些差异表达基因中逆境反应相关基因高度富集，说明转录因子 ANAC069 通过调控逆境反应相关基因的表达参与拟南芥的抗逆反应。

表 6.9 *ANAC069* 过表达株系中上调表达 4 倍以上的基因

探针号	*P* 值	表达倍数	基因名	特征
253259_at	0.004 3	26.907 36	*AT4G34410*	ethylene-responsive transcription factor ERF109
266800_at	0.038 0	16.930 721	*AT2G22880*	VQ motif-containing protein
254231_at	0.000 8	10.478 92	*AT4G23810*	putative WRKY transcription factor 53
261892_at	0.005 9	10.279 357	*AT1G80840*	putative WRKY transcription factor 40
253643_at	0.040 8	9.773 056	*AT4G29780*	hypothetical protein
251745_at	0.007 3	9.320 587	*AT3G55980*	salt-inducible zinc finger 1
262211_at	0.015 6	9.089 983	*AT1G74930*	ethylene-responsive transcription factor ERF018
248392_at	0.001 5	8.932 351	*AT5G52050*	MATE efflux family protein
266834_s_at	0.009 8	8.476 972	*AT2G30020*	Encodes AP2C1. Belongs to the clade B of the PP2C—superfamily
267028_at	0.001 3	7.537 676	*AT2G38470*	putative WRKY transcription factor 33
266901_at	0.027 1	7.475 036	*AT2G34600*	jasmonate-zim-domain protein 7
255844_at	0.001 3	7.323 260 3	*AT2G33580*	LysM-containing receptor-like kinase
259879_at	0.041 0	6.979 492	*AT1G76650*	calcium-binding protein CmL38

续表6.9

探针号	P值	表达倍数	基因名	特征
260744_at	0.003 6	6.952 914 7	*AT1G15010*	hypothetical protein
267357_at	0.010 8	6.908 689 5	*AT2G40000*	HS1 PRO-1 2-like protein
255733_at	0.026 2	6.878 982	*AT1G25400*	hypothetical protein
255585_at	0.000 1	6.742 419 2	*AT4G01550*	NAC transcription factor
258606_at	0.017 9	6.697 578	*AT3G02840*	hypothetical protein
258947_at	0.011 5	6.542 777 5	*AT3G01830*	putative calcium-binding protein CmL40
256356_s_at	0.004 0	6.500 716	*AT1G66500*	Pre-mRNA cleavage complex Ⅱ
261648_at	0.040 2	6.455 432	*AT1G27730*	zinc finger protein STZ/ZAT10
261470_at	0.020 5	6.157 963 3	*AT1G28370*	ethylene-responsive transcription factor11
254074_at	0.007 2	6.060 928 3	*AT4G25490*	dehydration-responsive element-binding protein 1B
257022_at	0.000 4	6.010 022 6	*AT3G19580*	zinc-finger protein 2
254252_at	0.017 9	6.009 583 5	*AT4G23310*	putative cysteine-rich receptor-like protein kinase 23
250781_at	0.004 6	5.930 938	*AT5G05410*	dehydration-responsive element-binding protein
263800_at	0.003 4	5.850 091	*AT2G24600*	Ankyrin repeat family protein
264217_at	0.011 2	5.839 072	*AT1G60190*	U-box domain-containing protein 19
245119_at	0.000 6	5.766 371 3	*AT2G41640*	Glycosyltransferase family 61 protein
257382_at	0.044 4	5.682 153	*AT2G40750*	WRKY DNA-binding protein 54
258792_at	0.020 2	5.618 443 5	*AT3G04640*	glycine-rich protein
245677_at	0.028 0	5.610 766 4	*AT1G56660*	hypothetical protein
250796_at	0.044 0	5.558 05	*AT5G05300*	hypothetical protein
245250_at	0.031 7	5.451 524	*AT4G17490*	ethylene responsive element binding factor 6
252367_at	0.015 7	5.347 119	*AT3G48360*	TAC1-mediated telomerase activation pathway protein BT2
261037_at	0.006 1	5.273 704	*AT1G17420*	lipoxygenase 3
260399_at	0.005 8	5.192 955 5	*AT1G72520*	lipoxygenase 4
246777_at	0.002 2	4.912 748	*AT5G27420*	E3 ubiquitin-protein Ligase ATL31
251039_at	0.007 8	4.889 536 4	*AT5G02020*	hypothetical protein
245252_at	0.048 2	4.823 355 7	*AT4G17500*	ethylene-responsive transcription factor 1A
254592_at	0.000 8	4.794 781 7	*AT4G18880*	heat stress transcription factor A-4a
254926_at	0.014 7	4.787 934	*AT4G11280*	1-aminocyclopropane-1-carboxylate synthase 6
265184_at	0.010 1	4.749 130 7	*AT1G23710*	hypothetical protein

续表6.9

探针号	P 值	表达倍数	基因名	特征
246993_at	0.004 1	4.707 878	*AT5G67450*	zinc-finger protein 1
249264_s_at	0.002 0	4.642 972 5	*AT5G41740*	TIR-NBS-LRR class disease resistance protein
261033_at	0.030 3	4.526 294	*AT1G17380*	protein TIFY 11A
247708_at	0.014 6	4.494 229	*AT5G59550*	ABA- and drought-induced RING-DUF1117 protein
247047_at	0.027 1	4.447 772	*AT5G66650*	hypothetical protein
253061_at	0.011 4	4.441 527 4	*AT4G37610*	BTB and TAZ domain protein 5
263379_at	0.008 3	4.431 299 7	*AT2G40140*	zinc finger CCCH domain-containing protein 29
246018_at	0.003 9	4.417 489	*AT5G10695*	hypothetical protein
246340_s_at	0.012 5	4.406 575 7	*AT3G44860*	farnesoic acid carboxyl-O-methyltransferase
253161_at	0.022 3	4.374 997	*AT4G35770*	senescence-associated protein DIN1
254271_at	0.024 5	4.373 965	*AT4G23150*	cysteine-rich receptor-like protein kinase 7
260203_at	0.011 5	4.326 785 6	*AT1G52890*	NAC domain-containing protein 19
247954_at	0.007 3	4.230 043	*AT5G56870*	beta-galactosidase 4
264866_at	0.000 5	4.110 203 7	*AT1G24140*	putative metalloproteinase
264434_at	0.004 2	4.066 920 3	*AT1G10340*	ankyrin repeat-containing protein
253737_at	0.003 7	4.062 494	*AT4G28703*	cupin domain-containing protein
256300_at	0.001 2	4.014 065 3	*AT1G69490*	NAC transcription factor protein family

表 6.10 过表达 ANAC069 株系中下调表达 3 倍以上的基因

探针号	P 值	表达倍数	基因名	特征
265964_at	0.033 3	9.304 524	*AT2G37510*	RNA recognition motif-containing protein
265066_at	0.029 6	4.387 294	*AT1G03870*	fasciclin-like arabinogalactan protein 9
260506_at	0.032 4	4.002 182	*AT1G47210*	cyclin-dependent protein kinase3
266812_at	0.022 2	3.942 544 2	*AT2G44830*	protein kinase
263096_at	0.042 4	3.717 510 2	*AT2G16060*	non-symbiotic hemoglobin 1
247162_at	0.013 4	3.671 587	*AT5G65730*	probable xyloglucan endo transglucosylase/hydrolase protein 6
265042_at	0.016 9	3.667 519	*AT1G04040*	HAD superfamily, subfamily ⅢB acid phosphatase
257460_at	0.006 4	3.625 224 6	*AT1G75580*	SAUR-like auxin-responsive protein
259926_at	0.017 5	3.575 796 1	*AT1G75090*	putative 3-methyladenine glycosylase I
254964_at	0.033 7	3.481 673 2	*AT4G11080*	HMG (high mobility group) box protein
247126_at	0.028 4	3.426 954 5	*AT5G66080*	putative protein phosphatase 2C79

续表6.10

探针号	*P* 值	表达倍数	基因名	特征
266687_at	0.011 8	3.384 449 5	*AT2G*19670	protein arginine N-methyltransferase 1
262212_at	0.012 7	3.275 545 6	*AT1G*74890	two-component response regulator ARR15
252970_at	0.007 5	3.238 794 6	*AT4G*38850	SAUR-like auxin-responsive protein
253255_at	0.015 2	3.223 027 5	*AT4G*34760	SAUR-like auxin-responsive protein 9
248419_at	0.039 5	3.207 563	*AT5G*51550	protein EXORDIUM like 3
245816_at	0.043 9	3.190 949	*AT1G*26210	SOB five-like 1 protein
253040_at	0.000 3	3.148 536 2	*AT4G*37800	xyloglucan endotransglucosylase/hydrolase protein 7
248696_at	0.010 2	3.144 739	*AT5G*48360	actin-binding FH2 family protein
261825_at	0.024 8	3.094 614 7	*AT1G*11545	probable xyloglucan endotransglucosylase/hydrolase protein 8
252305_at	0.017 8	3.028 184 4	*AT3G*49240	pentatricopeptide repeat-containing protein
261981_at	0.049 8	3.018 402 6	*AT1G*33811	GDSL esterase/lipase

2. ANAC069 识别的新顺式作用元件的预测

为了找到 ANAC069 能够识别的其他顺式元件从表达谱数据中随机选取 59 个差异表达基因，从 Tair 网站上获得它们的启动子序列(转录起始位点 1 000 bp)，利用 MEME (Multiple EM for Motif Elicitation)软件进行在线预测。如图 6.6 所示，WebLogo 显示了 ANAC069 能够识别的保守序列，记为[GCA][CA]C[AG]CG[TG]，命名为 NRS，字母大小代表该碱基出现的频率。

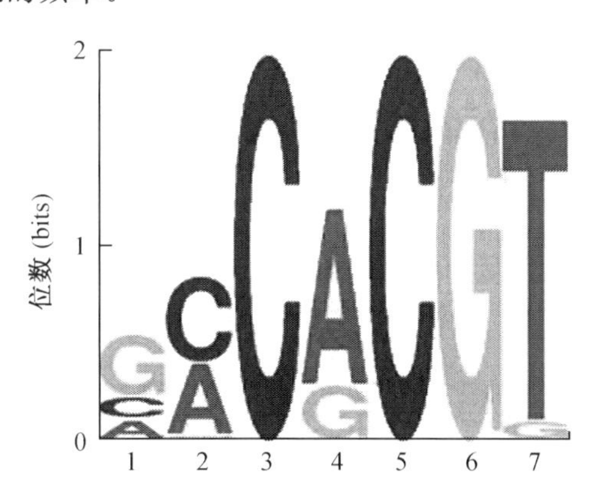

图 6.6　MEME 软件分析假定的 ANAC069 结合序列

6.3.4　ANAC069 与假定顺式作用元件的互作

1. 酵母单杂交分析 ANAC069 与元件 NRS1～4 的结合

为了确定 ANAC069 蛋白与保守序列[GCA][CA]C[AG]CG[TG]的互作关系，选取 NRS1(GACACGT)、NRS2(GCCACGT)、NRS3(CACACGT)和 NRS4(CCCACGT)4 个

寡核苷酸片段,利用酵母单杂交试验进行分析。将含有不同顺式作用元件(NRS1～4)3次串联重复的寡核苷酸单链直接进行退火反应,合成双链DNA;将其与酶切纯化后的pHIS2载体16 ℃连接过夜;第二天转化大肠杆菌,提取质粒;以pHIS2－F和pHIS2－R为测序引物,将重组质粒pHIS2－NRS1～4送至华大基因测序,测序结果用BioEdit比对显示重组报告载体全部构建成功。

将效应载体pGADT7－*ANAC*069分别与顺式作用元件NRS1～4共转化到酵母Y187中,以共转化p53HIS2和pGADT7－p53作为阳性对照,共转化p53HIS2和pGADT7－*ANAC*069作为阴性对照。将共转化获得的转化子分别进行10倍、100倍、1 000倍和10 000倍稀释后连同原液一起在含有60 mmol/L 3－AT的TDO(SD/－His/－Leu/－Trp)培养基上进一步筛选,同时以培养基DDO(SD/－Leu/－Trp)上的生长作为不同转化子生长状态的阳性对照。结果如图6.7所示,共转化pHIS2－NRS1/pGADT7－*ANAC*069、pHIS2－NRS2/pGADT7－*ANAC*069、pHIS2－NRS3/pGADT7－*ANAC*069和pHIS2－NRS4/pGADT7－*ANAC*069的转化子均能够在筛选培养基上正常生长,表明ANAC069蛋白能够与NRS1～4序列在酵母体内结合。

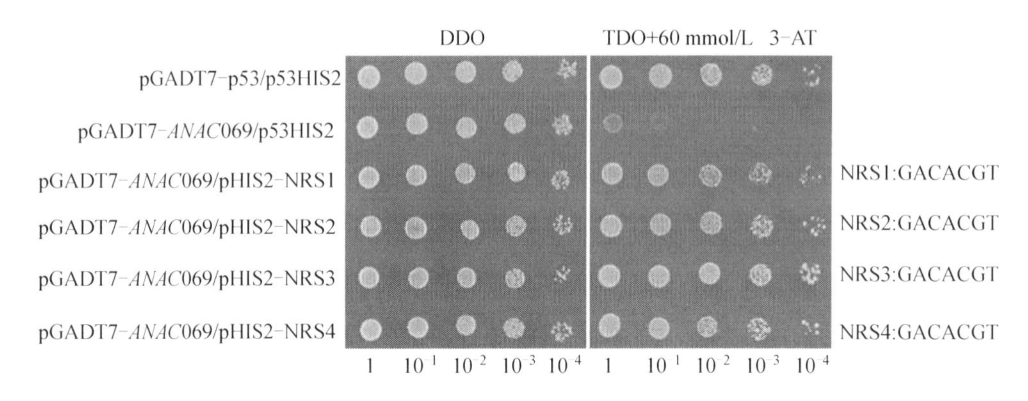

图6.7　酵母单杂交分析ANAC069与NRS1～4的结合

2. ANAC069在烟草体内对NRS1～4的识别

为了进一步证实ANAC069和NRS1～4的互作,进行烟草的瞬时表达试验。首先构建pCAMBIA1301重组报告载体,将NRS1～4串联重复4次后分别与46 bp的小启动子融合以替换35S启动子来驱动*GUS*基因,重组报告载体分别被命名为pCAM－NRS1、pCAM－NRS2、pCAM－NRS3和pCAM－NRS4。以载体引物1301L和1301R为引物,对4种重组载体进行PCR检测并送至华大基因测序。PCR检测结果(图6.8)和测序结果均表明重组报告载体构建成功。

利用基因枪法将重组报告载体pCAM－NRS1～4连同pCAM－NACRS分别与效应载体pROKⅡ－*ANAC*069ΔC共转化到烟草叶片中,用报告载体pCAM－NRS1～4和空的pROKⅡ作为阴性对照,空的pCAMBIA1301作为阳性对照(35S:GUS)。GUS酶活测定结果如图6.9所示,正常条件下,试验组中NRS1～4这4个元件能和ANAC069转录因子发生不同强度的互作,但是互作强度均显著低于ANAC069与NACRS的互作,NRS4在正常条件下表现出的与ANAC069的互作能力最弱。NaCl处理后,NRS1、

NRS2 和 NRS4 与 ANAC069 的互作强度均显著提高，NACRS 和 NRS3 在处理前后变化不明显。正常条件下和 NaCl 处理条件下对照组的 GUS 活性均显著低于试验组，说明 ANAC069 对 NACRS、pCAM－NRS1～4 的识别具有特异性。

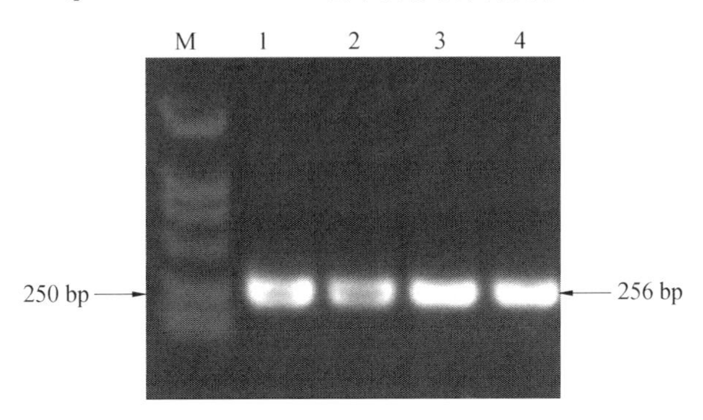

图 6.8　重组报告质粒 pCAM－NRS1～4 的 PCR 鉴定

M. DL2000 DNA Marker；1～4. pCAM－NRS1～4 重组质粒 PCR 产物

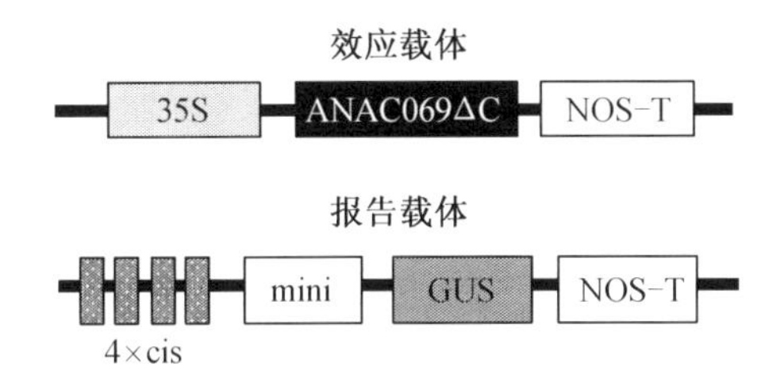

(a) 瞬时转化试验中效应载体和报告载体

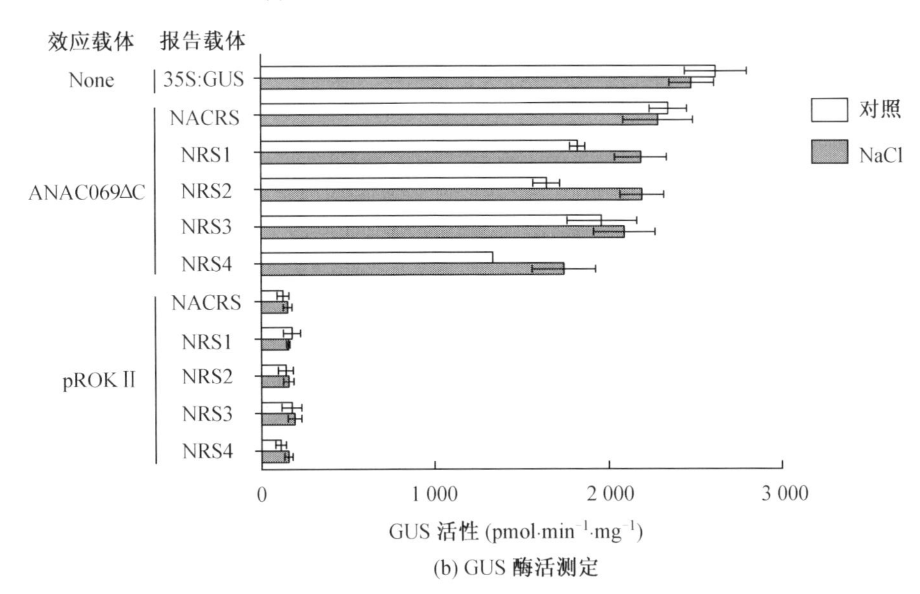

(b) GUS 酶活测定

图 6.9　利用体内瞬时表达试验分析 ANAC069 对 NRS1～4 的识别

3. 酵母单杂交分析 ANAC069 与核心序列 C[A/G]CG[T/G]的结合

为了确定 ANAC069 蛋白与核心序列 C[A/G]CG[T/G]的互作关系，将含有不同顺式作用元件(C1～4 和 M1～4)串联重复 3 次的寡核苷酸单链直接进行退火反应，合成双链 DNA；将其与酶切纯化后的 pHIS2 载体 16 ℃连接过夜；第二天转化大肠杆菌，提取质粒；以 pHIS2－F 和 pHIS2－R 为测序引物，将重组质粒 pHIS2－C1～4、pHIS2－M1～4 送华大基因测序，测序结果用 Bio Edit 比对显示重组报告载体全部构建成功。

将效应载体 pGADT7－*ANAC*069 分别与 8 个顺式作用元件共转化到酵母 Y187 感受态细胞中，以共转化 p53HIS2 和 pGADT7－p53 作为阳性对照，共转化 p53HIS2 和 pGADT7－*ANAC*069 作为阴性对照。将共转化获得的转化子分别进行 10 倍、100 倍、1 000倍和 10 000 倍稀释后连同原液一起在含有 60 mmol/L 3－AT 的 TDO(SD/－His/－Leu/－Trp)培养基上进一步筛选，同时以培养基 DDO(SD/－Leu/－Trp)上的生长作为不同转化子生长状态的阳性对照。结果如图 6.10 所示，共转化 pHIS2－C1/pGADT7－*ANAC*069、pHIS2－C2/pGADT7－*ANAC*069、pHIS2－C3/pGADT7－*ANAC*069 和 pHIS2－C4/pGADT7－*ANAC*069 的转化子均能够在筛选培养基上正常生长，共转化 pHIS2－M1/pGADT7－*ANAC*069、pHIS2－M2/pGADT7－*ANAC*069、pHIS2－M3/pGADT7－*ANAC*069 和 pHIS2－M4/pGADT7－*ANAC*069 的转化子无法在筛选培养基上生长，表明 ANAC069 蛋白能够与 C[A/G]CG[T/G]序列在酵母体内特异性结合。

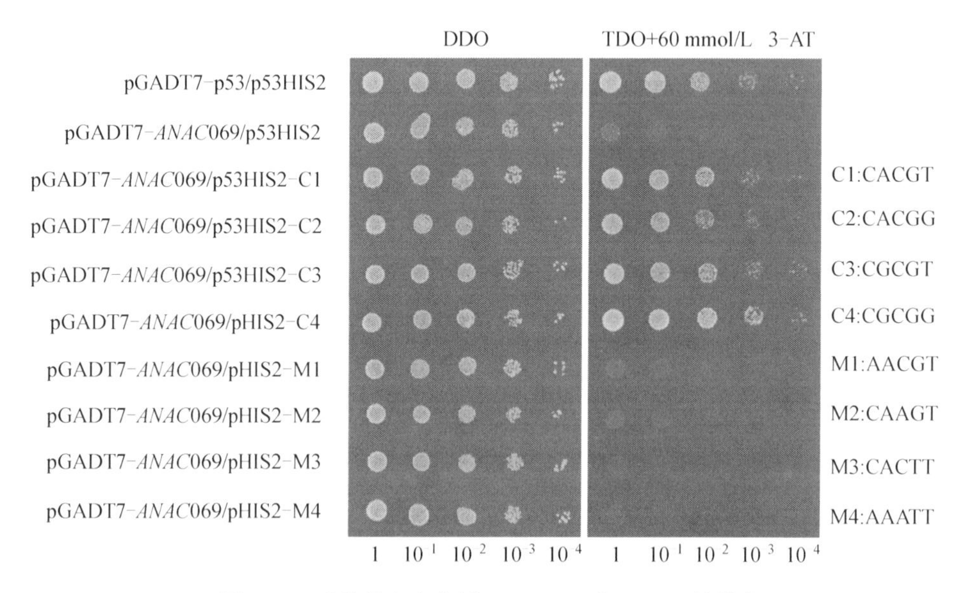

图 6.10 酵母单杂交分析 ANAC069 与 C1～4 的结合

4. ANAC069 在烟草体内对核心序列 C[A/G]CG[T/G]的识别

为了进一步证实 ANAC069 和核心序列 C[A/G]CG[T/G]的特异性互作，进行烟草的瞬时表达试验。首先构建 pCAMBIA1301 重组报告载体，将 C1～4 和 M1～4 串联重复 3 次后分别与 46 bp 的小启动子融合来驱动 *GUS* 基因，重组报告载体分别被命名为 pCAM－C1、pCAM－C2、pCAM－C3、pCAM－C4、pCAM－M1、pCAM－M2、pCAM－M3 和 pCAM－M4。以 1301L 和 1301R 为载体引物，对 8 种重组载体进行测序。测序结果表明重组报告载体构建成功。

利用基因枪法将重组报告载体 pCAM－C1～4、pCAM－M1～4 分别与效应载体 pROKⅡ－*ANAC*069ΔC 共转化到烟草叶片中，用 pROKⅡ－*ANAC*069ΔC 作为阴性对照，空的 pCAMBIA1301 作为阳性对照(35S:GUS)。GUS 酶活测定结果如图 6.11 所示，正常条件下，试验组中 C1～4 这 4 个元件能和 ANAC069 转录因子发生不同强度的互作，但是突变元件 M1～4 无法与 ANAC069 互作，说明 ANAC069 对核心序列 C[A/G]CG[T/G]的识别具有特异性。

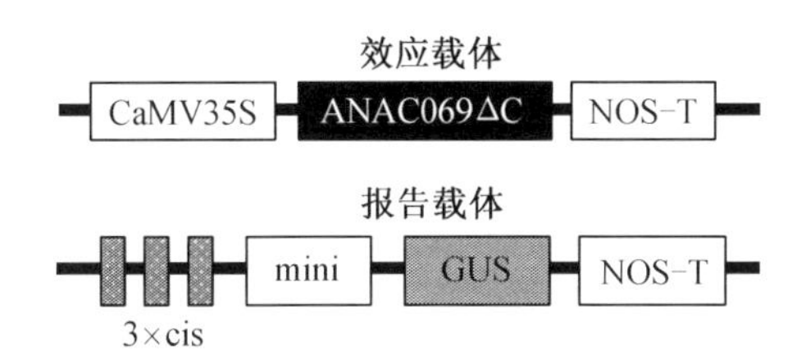

(a) 瞬时转化试验中效应载体和报告载体

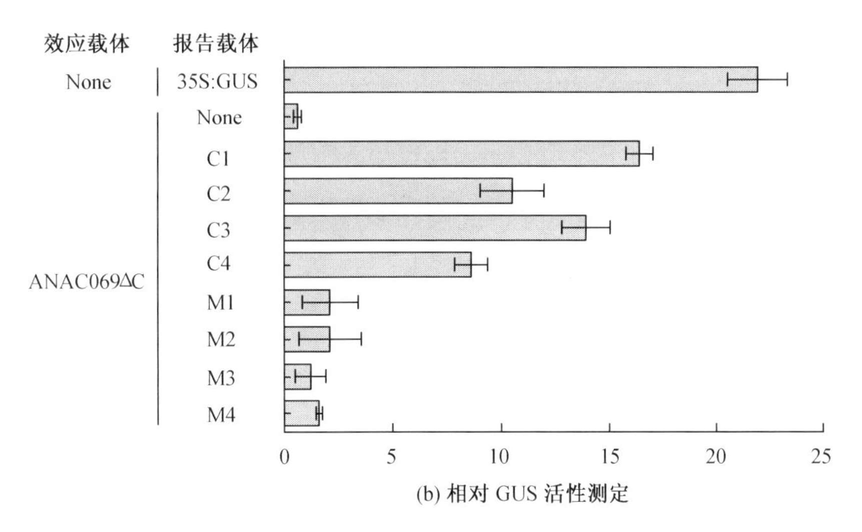

(b) 相对 GUS 活性测定

图 6.11　利用体内瞬时表达试验分析 ANAC069 对 C1～4 和 M1～4 的识别

5. C[A/G]CG[T/G]和 NACRS 元件在 ANAC069 下游基因启动子中的分布

ANAC069 蛋白既可以识别 C[A/G]CG[T/G]序列又可以识别 NACRS 元件，在 ANAC069 所参与的植物逆境反应中哪一个元件的角色更为重要是人们关心的问题，为了解决这一问题，从盐胁迫下过表达株系和和突变体株系的表达谱芯片中选取在 *ANAC*069 过表达株系中上调表达的 77 个基因，从 Tair 网站上获得这些基因的启动子序列(转录起始位点 1 000 bp)，分析 C[A/G]CG[T/G]和 NACRS 在这 77 个基因启动子上的分布情况，结果见表 6.11。被研究的 77 个基因中有 73 个基因启动子含 C[A/G]CG[T/G]序列，6 个基因启动子中含 NACRS 元件，因此认为 C[A/G]CG[T/G]在 ANAC069 所参与的逆境反应中充当主要角色，是 ANAC069 调控下游基因时识别的主要元件。

表 6.11　C[A/G]CG[T/G]序列和 NACRS 元件在受 ANAC069 上调表达基因启动子中的分布

基因名	表达倍数	C[A/G]CG[T/G]	NACRS
AT4G34410	26.907 36	−642(CCGTG)，−420(CACGT)，−366(ACGTG)，−134(CACGT)，−100(CCGTG)，−66(CACGT)，−45(CACGG)	—
AT2G22880	16.930 721	−242(CACGT)	—
AT4G23810	10.478 92	—	—
AT1G80840	10.279 357	−953(CCGTG)，−921(CACGT)，−872(CACGT)，−801(ACGTG)，−361(ACGTG)，−194(ACGTG)	−754(CACG)，−723(CATGT)
AT4G29780	9.773 056	−975(CGCGT)，−236(ACGCG)，−116(CGCGT)，−101(ACGCG)	—
AT3G55980	9.320 587	−902(CGCGT)，−505(CACGT)，−488(CGCGT)，−454(CGCGT)	—
AT1G74930	9.089 983	−823(CCGTG)，−245(ACGTG)，−176(CACGT)，−128(CGCGT)，−102(CACGT)，−86(ACGCG)	—
AT5G52050	8.932 351	−970(CCGTG)，−650(CACGT)，−552(CACGT)，−218(CCGTG)	—
AT2G30020	8.476 972	−714(ACGTG)，−154(CACGG)	—
AT2G38470	7.537 676	−947(ACGTG)，−296(ACGTG)，−47(ACGTG)	—
AT2G34600	7.475 036	−362(CCGCG)，−352(CCGCG)，−84(CACGT)，−83(ACGTG)	—
AT2G33580	7.323 260 3	−422(CACGT)，−371(CACGT)，−99(ACGCG)	—
AT1G76650	6.979 492	−125(CACGT)	—
AT1G15010	6.952 914 7	−760(CGCGG)，−196(CCGTG)，−173(ACGTG)，−125(ACGTG)，−85(ACGCG)	—
AT2G40000	6.908 689 5	−752(ACGTG)，−122(CGCGT)，−93(CGCGT)	—
AT1G25400	6.878 982	−788(CACGT)，−581(CACGG)，−487(CACGT)，−291(CACGG)，−116(ACGTG)，−72(CACGT)	—
AT3G02840	6.697 578	−870(ACGCG)，−824(ACGCG)，−803(CACGG)，−378(ACGCG)，−53(CACGT)	—
AT3G01830	6.542 777 5	−431(CACGT)，−157(CCGCG)	−517(CACG)，−497(CATGT)

续表6.11

基因名	表达倍数	C[A/G]CG[T/G]	NACRS
AT1G66500	6.500 716	−99(CCGTG)，−86(CACGT)，−77(ACGCG)，−66(ACGCG)，−11(CGCGT)	—
AT1G27730	6.455 432	−400(ACGTG)，−241(CACGT)，−219(ACGTG)	—
AT1G28370	6.157 963 3	−343(CACGT)，−328(CGCGT)，−105(CACGT)	—
AT4G25490	6.060 928 3	−964(CCGTG)，−952(CGCGG)，−787(ACGTG)，−161(CACGT)，−110(CACGT)，−83(CCGTG)	—
AT3G19580	6.010 022 6	−654(ACGCG)，−616(CGCGT)，−451(CCGTG)，−47(CACGT)	—
AT4G23310	6.009 583 5	−243(ACGTG)	—
AT5G05410	5.930 938	−903(CACGT)，−800(CACGT)，−498(CCGTG)，−431(CACGT)，−91(CACGT)，	−630(CACG)，−584(CATGT)
AT2G24600	5.850 091	−236(CGCGT)，−165(CGCGT)	—
AT1G60190	5.839 072	−318(CACGG)，−263(CACGT)，−213(CACGT)，−190(ACGTG)，−144(CACGT)	—
AT2G41640	5.766 371 3	−967(CACGG)，−962(ACGCG)，−167(CCGTG)	—
AT2G40750	5.682 153	−685(CACGT)，−277(CCGCG)，−236(ACGTG)	—
AT3G04640	5.618 444	−618(CACGT)，−597(CCGTG)	—
AT1G56660	5.610 766 4	−552(CCGTG)，−115(ACGTG)，−104(ACGTG)，−84(CACGT)，−79(CCGTG)	—
AT5G05300	5.558 05	−146(CGCGT)，−66(CACGG)，−138(CGCGT)	
AT4G17490	5.451 524	−542(ACGTG)，−476(ACGTG)	
AT3G48360	5.347 119	−970(CACGG)，−455(CACGG)，−82(CACGT)	
AT1G17420	5.273 704	−963(CGCGT)，−349(CACGT)，−317(CACGT)，−278(ACGTG)，−69(ACGTG)	

续表6.11

基因名	表达倍数	C[A/G]CG[T/G]	NACRS
AT1G72520	5.192 955 5	−511(CCGCG), −459(CGCGT), −181(CGCGT), −95(ACGTG)	—
AT5G27420	4.912 748	−126(CACGT)	—
AT5G02020	4.889 536 4	−834(CACGT), −651(CACGT)	—
AT4G17500	4.823 355 7	−957(CACGT), −657(CACGT), −208(CACGT)	—
AT4G18880	4.794 781 7	−979(ACGTG), −198(CGCGT)	—
AT4G11280	4.787 934	—	—
AT1G23710	4.749 130 7	−645(CACGT), −587(CGCGT), −513(CGCGT), −463(CCGTG), −426(CACGT), −318(CACGT), −265(ACGCG)	−402(CACG), −390(CATGT)
AT5G67450	4.707 878	−120(CACGT), −19(ACGTG)	—
AT5G41740	4.642 972 5	−901(CCGCG), −825(CACGT), −808(CACGT), −736(CGCGT), −53(CGCGT)	—
AT1G17380	4.526 294	−971(ACGCG), −924(ACGTG), −888(CACGT), −741(ACGTG), −728(ACGCG), −528(CGCGT), −516(ACGTG)	—
AT5G59550	4.494 229	−409(ACGTG), −146(CACGG), −102(CACGT), −22(CACGT)	—
AT5G66650	4.447 772	−908(ACGTG), −706(CGCGT), −620(CACGT), −574(CCGTG), −484(ACGTG)	—
AT4G37610	4.441 527 4	−126(ACGTG), −87(CCGTG), −68(ACGTG)	—
AT2G40140	4.431 299 7	—	—
AT5G10695	4.417 489	−491(CGCGT), −95(ACGTG)	—
AT3G44860	4.406 575 7	−209(CACGT)	—
AT4G35770	4.374 997	−373(CACGG)	—
AT4G23150	4.373 965	−812(ACGCG), −109(CACGT)	—
AT1G52890	4.326 785 6	−963(CACGT), −955(CACGT), −819(CGCGT), −756(CACGT), −126(CACGT), −64(CACGT)	—
AT5G56870	4.230 043	—	—
AT1G69490	4.014 065 3	−301(CACGT), −206(CCGTG)	—
AT1G72060	3.959 374 2	−965(CACGG)	—
AT5G04340	3.937 754 4	−235(CACGT)	—

续表6.11

基因名	表达倍数	C[A/G]CG[T/G]	NACRS
AT2G30040	3.712 214 5	−638(ACGCG)，−570(CACGT)，−99(CACGT)，−37(CACGT	—
AT1G59590	3.676 649 8	−786(CACGT)，−264(ACGTG)，−69(CGCGT)，−37(CACGT)	—
AT3G15210	3.667 041 5	−183(CACGT)	—
AT2G31880	3.647 112 1	−743(ACGTG)，−75(CACGT)	—
AT1G66090	3.637 369 4	−928(ACGCG)，−423(CACGT)，−161(CGCGT)，−136(CACGT)	—
AT5G20230	3.577 673 4	−232(CACGT)，−188(ACGCG)，−92(CACGT)，−85(CGCGT)	—
AT4G23180	3.568 594	−72(CGCGT)	—
AT2G01180	3.567 447 7	−512(CACGT)，−62(ACGCG)	—
AT1G76600	3.548 664 6	−995(CACGT)，−865(CACGT)，−889(CCGTG)，−597(CACGT)，−143(CGCGT)	—
AT4G33980	3.518 185 9	−91(ACGTG)，−74(CACGT)	−769(CACG)，−750(CATGT)
AT2G40350	3.509 741 3	−799(CACGT)	−27(CACG)，−21(CATGT)
AT5G39520	3.503 194 3	−68(CCGTG)，−113(CACGT)，	—
AT1G10070	3.453 215 8	−726(CGCGT)，−599(ACGTG)，−578(ACGTG)，−462(ACGTG)，−167(CACGT)	—
AT5G62520	3.453 17	−467(ACGTG)，−460(ACGTG)，−426(ACGCG)，−292(CACGG)，−162(CACGG)	—
AT5G42900	3.444 733 4	−679(CACGT)，−53(ACGTG)，−37(CACGT)	—
AT4G35985	3.444 363 4	−286(ACGCG)，−195(CACGT)	—
AT1G02660	3.402 36	−700(CGCGT)，−678(CACGT)，642(CACGT)，−590(ACGTG)，−562(CACGT)，−452(CGCGT)，−238(CACGT)，−226(CACGT)，−195(CACGT)，−81(CACGG)	—
AT3G15500	3.282 760 6	−886(CACGT)，−499(CACGT)，−367(CGCGT)，−113(CACGT)，−70(CACGT)	—
AT1G01720	2.227 465 6	−510(CCGTG)，−146(CACGT)，−117(ACGTG)，−92(CACGT)，−51(CACGT)	—

6.3.5 ANAC069 与假定靶基因启动子的互作

为了研究 ANAC069 与 C[A/G]CG[T/G]序列的结合在拟南芥体内是否真实存在，进行了染色质免疫共沉淀试验。AT3G02840 在芯片数据中受 ANAC069 上调表达，且其启动子中含有 5 个 C[A/G]CG[T/G]元件，因此被筛选出来用于 ChIP 分析。结果显示，用 GFP 抗体的染色质免疫沉淀产物中能够检测到 *AT3G02840* 的启动子片段(ChIP+，第 3 对引物能够扩增出 *AT3G02840* 启动子条带)，然而，当用 HA 抗体沉淀时(ChIP－)，*AT3G02840* 的 3 个启动子片段均未被检测到(图 6.12(a))，表明 ANAC069 在体内可以通过识别 C[A/G]CG[T/G]序列与 *AT3G02840* 的启动子发生结合。

芯片数据进一步显示一些启动子中含有 C[A/G]CG[T/G]序列的 *NAC* 基因同样可以被 ANAC069 诱导表达，为了研究这些 *NAC* 基因是否受 ANAC069 直接调控，进行了染色质免疫共沉淀试验。结果显示用 GFP 抗体的染色质免疫沉淀产物中可以扩增到 *AtANP*、*ATAF*1、*ANAC*055 和 *ANAC*019 的启动子片段(图 6.12(b))，表明 ANAC069 可以通过识别 C[A/G]CG[T/G]序列调控其他 *NAC* 基因的表达。

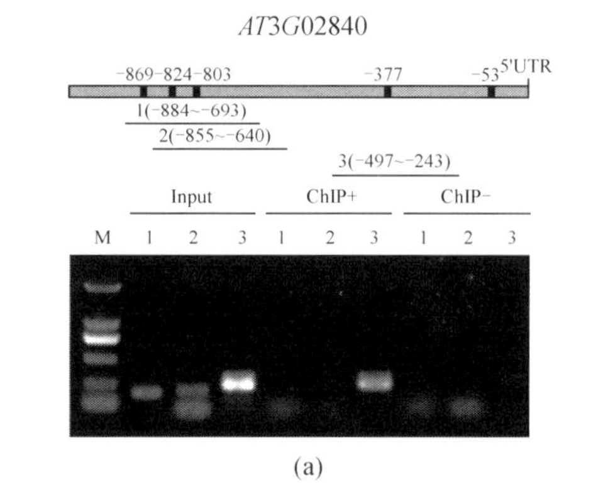

(a)

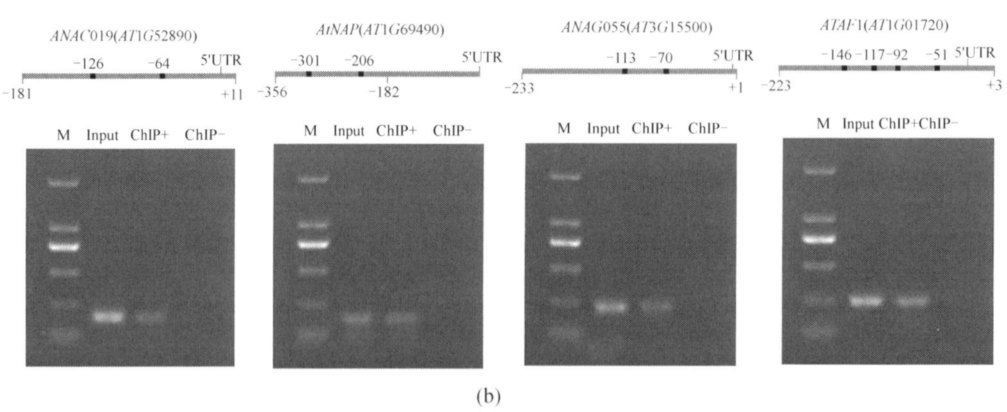

(b)

图 6.12 ChIP 试验分析 ANAC069 与启动子中 C[A/G]CG[T/G]元件的结合

6.4　本章讨论

转录因子能够通过与下游基因启动子中的顺式作用元件结合来调控逆境响应基因的转录表达，进而在植物的抗逆调控网络中发挥作用。逆境条件下，植物先是感知逆境信号，通过一系列的信号转导激发转录因子与顺式作用元件结合，激活 RNA 聚合酶Ⅱ转录复合物，从而启动基因的转录表达，最后通过基因产物的作用表现出抗逆性。目前，很多学者研究了 bZIP 类、MYB 类和 WRKY 类转录因子所识别的顺式元件，但是对于 NAC 转录因子能够识别的顺式作用元件的研究相对较少，大部分 NAC 转录因子所参与的调控网络和其中的组成因子尚不明晰，研究 NAC 转录因子能够识别的顺式元件对于揭示 NAC 转录因子所参与的调控网络具有重要意义。

以往的研究显示，一些 NAC 蛋白能够通过识别 NACRS 序列调控下游基因的表达。2011 年 Park 等的研究表明 ANAC069 蛋白能够与含有“ACGT”保守序列的 IAA30－BS 序列结合。本研究发现 ANAC069 蛋白能够识别已知的 NACRS 序列，当核心结合序列“CACG”突变以后，识别能力丧失(图 6.3 和图 6.5)，说明像其他 NAC 蛋白一样，核心结合序列“CACG”的存在对于 ANAC069 与 NACRS 的结合是至关重要的。利用 Affymetrix 表达谱芯片技术获得了盐胁迫后 *ANAC069* 过表达株系和突变体株系的差异表达基因，通过对这些差异表达基因的启动子序列进行分析，发现 NACRS 序列并不普遍存在于 ANAC069 下游靶基因的启动子中，于是推测除了 NACRS 序列，ANAC069 应该还能识别其他的顺式元件。为了找到能够被 ANAC069 识别的新的顺式作用元件，随机选取 59 个差异表达基因，从 Tair 网站上获得它们的启动子序列(转录起始位点 1 000 bp)，利用 MEME 软件进行预测，获得了保守序列[GCA][CA]C[AG]CG[TG](图 6.6)，命名为 NRS。利用酵母单杂交和瞬时表达试验证实了 ANAC069 蛋白与该保守序列的特异性结合。研究发现 NACRS 的核心结合序列“CACG”出现在元件[GCA][CA]C[AG]CG[TG]中，进一步说明“CACG”序列是与 ANAC069 结合的顺式元件中非常重要的位点。同时，也注意到元件[GCA][CA]C[AG]CG[TG]还包含“ACGT”序列，这与 Kim 等的研究结果相一致，因此推测“ACGT”与“CACG”一样，存在于 ANAC069 蛋白能够识别的顺式作用元件中，是 ANAC069 蛋白与顺式作用元件互作时的重要结合位点。正常条件下，NRS1 较 NRS2 显示了更高的结合活性，NRS3 较 NRS4 显示了更高的结合活性(图 6.9)，说明在与 ANAC069 结合过程中 NRS 第二个碱基位点处，碱基“A”较“C”更有结合优势。此外，NRS2 较 NRS4 有更高的结合活性，说明与 ANAC069 互作时 NRS 的第一个碱基位点处，碱基“G”比“C”更有结合优势。值得注意的是，盐处理条件下 ANAC069 蛋白与 NRS 元件的结合能力强于正常条件下(图 6.9)，说明盐胁迫作为一个诱导信号，能够诱导 ANAC069 蛋白发挥转录激活作用，增强其对 NRS 元件的识别能力。盐胁迫下核心序列 C[A/G]CG[T/G]在 ANAC069 下游靶基因启动子中的分布远远多于 NACRS(表 6.11)，说明在 ANC069 所参与的逆境反应中 C[A/G]CG[T/G]序列发挥着较 NACRS 更为重要的角色，即逆境条件下 ANAC069 主要是通过识别下游靶基因启动子中的 C[A/G]CG[T/G]序列，实现对逆境相关基因表达的调控，进而改变植物对逆境的敏感性。ChIP 分析证实 ANAC069 确实可以识别含有 C[A/G]CG[T/G]核心序列的启动子,进而直接调控下游基因的表达(图 6.12)。

6.5 本章小结

本研究利用酵母单杂交和瞬时表达试验证实了转录因子 ANAC069 能够与已知的 NACRS 序列发生特异性互作,NACRS 的核心结合序列是"CACG";利用表达谱芯片技术研究了盐胁迫下 *ANAC069* 过表达株系和突变体株系的差异表达基因;借助 MEME 软件对过表达株系中上调表达基因的启动子进行分析,预测出 ANAC069 蛋白可能识别的顺式作用元件[GCA][CA]C[AG]CG[TG];利用酵母单杂交和瞬时表达试验证实了 ANAC069 与元件 NRS1～4 在正常条件下和盐胁迫下均能发生互作,且盐胁迫下互作增强。核心序列 C[A/G]CG[T/G]和 NACRS 的分布比较显示 C[A/G]CG[T/G]序列是 ANAC069 蛋白参与逆境反应时作用的主要元件。逆境条件下,ANAC069 通过识别含有 C[A/G]CG[T/G]核心序列的启动子,进而实现对下游基因表达的直接调控。

第7章　讨论与结论

7.1　讨　　论

NAC蛋白在植物发育和逆境反应中充当重要角色。Park等的研究显示，盐胁迫条件下ANAC069所调控的盐信号途径与植物激素延迟种子萌发途径存在交叉，这一结果促使人们进一步研究ANAC069参与调控非生物胁迫反应的机制。目前为止，尚未有研究ANAC069所参与的植物逆境反应的分子调控机制的报道，逆境下ANAC069所介导的生理学反应尚处空白。

Park等的研究显示，过表达*ANAC069*全长基因的植物与野生型植物未见表型差异，而过表达该基因ΔC端的植物显示出了小的、卷曲的侏儒表型，表明ANAC069蛋白的膜释放对于其发挥功能至关重要。本研究中，发现较野生型和突变体植物相比，过表达*ANAC069*全长基因的植物对ABA、NaCl和甘露醇高度敏感(图3.10～3.13)，表明在响应非生物胁迫时全长基因能够正常发挥作用，说明当植物感应到ABA、NaCl和甘露醇的同时ANAC069蛋白的膜释放便发生了。因此，可以用全长基因来研究ANAC069在逆境反应中的功能。值得注意的是，在酵母单杂交试验中，将*ANAC069*全长基因插入pGADT7－rec2载体以后，酵母体内ANAC069与NACRS依然有结合活性(图6.3)，说明ANAC069蛋白在酵母细胞中是部分膜释放或者是非膜结合的状态。

植物体内ROS的平衡对于许多生物学过程(包括细胞分裂、细胞死亡和植物对逆境的适应)能够正常进行是至关重要的。然而，非生物胁迫条件下这种平衡会被打破，植物体内过高的ROS水平会使蛋白质、脂肪、糖类和核苷酸等生物大分子被氧化，导致细胞和组织损伤。因此，活性氧防御系统在植物抵御逆境时是至关重要的。因为*ANAC069*过表达株系对非生物胁迫高度敏感，为了进一步探索ANAC069是否会对植物的防御系统造成影响，本研究结果显示ANAC069的转录水平与SOD、POD和GST的活性呈负相关(图3.15)，同时与大部分*SOD*、*POD*和*GST*基因的转录水平也是呈负相关的(图3.18)，并不是所有被研究的*SOD*、*POD*和*GST*基因都与*ANAC069*的表达呈负相关也属正常，这些基因可能参与不同的调控网络，受不同基因调控。有趣的是，野生型和突变体株系对ABA处理显示出相似的敏感性，而过表达株系对ABA更为敏感，说明一定水平ANAC069蛋白的减少并不影响植物对ABA的敏感性，只有较高水平的ANAC069蛋白积累才会导致植物对ABA敏感。

植物在各种逆境条件下体内会积累较高浓度的脯氨酸，脯氨酸是一种多功能分子，可以通过清除有害物质、调节细胞质的渗透势来保护细胞免受损伤，同时脯氨酸能降低细胞酸性，维持细胞光合活性，一旦逆境减轻，已存储的脯氨酸可以降解为植物生长所需的能量。此外，脯氨酸能够使植物在持续的逆境条件下继续生长，它在体内的平衡对于细胞分裂至关重要。非生物胁迫条件下分别对不同株系体内脯氨酸含量以及脯氨酸合成酶基因

P5CS1 和 *P5CS2* 的表达进行分析。结果显示，与野生型和突变体株系相比，过表达株系中 *P5CS1* 和 *P5CS2* 的表达水平最低，同时过表达株系中脯氨酸含量也最低。NaCl 和甘露醇条件下突变体株系中脯氨酸含量最高(图 3.16)，同时 *P5CS2* 基因的表达也最高，但是 *P5CS1* 基因的表达与野生型株系相当或低于野生型株系(图 3.19)，说明非生物胁迫反应中 P5CS2 与脯氨酸水平密切相关，P5CS2 比 P5CS1 在 ANAC069 所参与的逆境反应中充当更为重要的角色。

一些 NAC 蛋白可以通过结合不连续的 NACRS 元件(含有不连续的核心序列 CATGTG 和 CACG)，调控下游基因的表达。本研究发现 ANAC069 同样可以结合 NACRS 序列。此外，MEME 分析显示大部分受 ANAC069 调控的基因启动子中含有 C[A/G]CG[T/G]核心序列(图 6.6)。酵母单杂交和体内互作试验证实 ANAC069 可以特异性识别 C[A/G]CG[T/G]序列(图 6.10、图 6.11)。因此，ANAC069 既可以识别不连续的 NACRS 序列，又可以识别连续的 C[A/G]CG[T/G]序列。此外，ANAC069 与 4 种 C[A/G]CG[T/G]序列显示了不同的结合活性，ANAC069 与 CACGT(C1)的结合活性最高，其次是 CGCGT(C3)和 CACGG(C2)，ANAC069 与 CGCGG(C4)的结合活性最弱(图 6.11)。这些结果表明 C[A/G]CG[T/G]中的最后一个核苷酸"T"对于 ANAC069 的识别很重要，另一些 NAC 蛋白可以识别 TTNCGT[G/A] 或核心序列 CGT[G/A]。本研究发现，能够被 ANAC069 所识别的 C[A/G]CG[T/G]序列与 CGT[G/A]很相似(CGT[G/A]的反补序列含有 CACG，是 C[A/G]CG[T/G]的一部分)。值得注意的是，C[A/G]CG[T/G]序列与 CGT[G/A]并不完全相同，如 ANAC069 可以识别 CGCGT (C3) 和 CGCGG (C4)，这两个元件与 CGT[G/A]不同，ANAC069 靶元件的多样性对于揭示 NAC 蛋白识别不同 DNA 序列有重要意义。此外，ANAC069 可以识别 CACGT (C1) 和 CACGG (C2)，但是不能识别突变的元件 AACGT (M1)、CAAGT (M2)、CACTT (M3)和 AAATT (M4)，表明 CXCG 序列对于 NAC 蛋白的识别很重要。

在 ANAC069 的下游基因中，有的直接受 ANAC069 调控，有的间接受其调控，研究发现 94.8%的受 ANAC069 调控的基因启动子中含有 C[A/G]CG[T/G]序列(表 6.11)，表明大部分受 ANAC069 直接调控的基因启动子中有 C[A/G]CG[T/G]核心序列。因此，ANAC069 主要通过识别 C[A/G]CG[T/G] 调控下游基因的表达。微阵列结果显示很多 *NAC* 基因受 *ANAC069* 调控上调表达，例如 *AtNAP*(*AT1G69490*)、*ANAC055* (*AT3G15500*)、*ATAF1*(*AT1G01720*) 和 *ANAC102* (*AT5G63790*)可以被 ANAC069 显著上调表达，它们的启动子中含有 C[A/G]CG[T/G]核心序列，ChIP 分析显示这些 *NAC* 基因可以受 ANAC069 直接调控(图 6.12)。

DOF 蛋白是植物所特有的一类转录因子，可以参与光反应、植物激素途径以及种子发育等生物学过程。DOF 结合位点能够调控基因在保卫细胞中特异性表达，如土豆中转录因子 StDOF1 可以与 *KST1* 启动子中的 DOF 位点结合，调控 *KST1* 基因在保卫细胞中特异性表达；拟南芥中保卫细胞特异性表达基因 *AtMYB60* 的表达与启动子中 DOF 元件有关。此外，DOF 转录因子还可以参与调控植物的抗逆反应。如苹果 *MdDof54* 基因可以提高植物对旱胁迫的耐受性。然而，目前尚未有报道 DOF 蛋白可以通过调控其他转录因子参与植物逆境反应。本研究以 *ANAC069* 基因启动子中的 DOF 元件为诱饵，钓取 *ANAC069* 的上游调控因子 ATDOF5.8，进一步分析显示 ATDOF5.8 能够和含有 DOF

元件的*ANAC*069启动子特异性互作(图5.7、图5.10和图5.11),并且这种互作在拟南芥体内真实发生(图5.13),同时发现ATDOF5.8和ANAC069在非生物胁迫条件下具有极为相似的表达模式(图5.14),本研究充分证明了ATDOF5.8通过结合*ANAC*069启动子来调控*ANAC*069的表达,二者共同参与植物逆境反应。

综上,本研究为ANAC069所参与的非生物胁迫反应提供了一个分子模型(图7.1)。ABA、NaCl和甘露醇诱导*ATDOF*5.8的表达,ATDOF5.8蛋白能够识别ANAC069启动子中的DOF元件进而激活*ANAC*069的表达,被激活的ANAC069通过识别C[A/G]CG[T/G]序列对下游逆境响应基因的表达进行调控,导致植物体内ROS清除能力和脯氨酸合成能力降低,失水率增加,最终提高植物对逆境的敏感性。

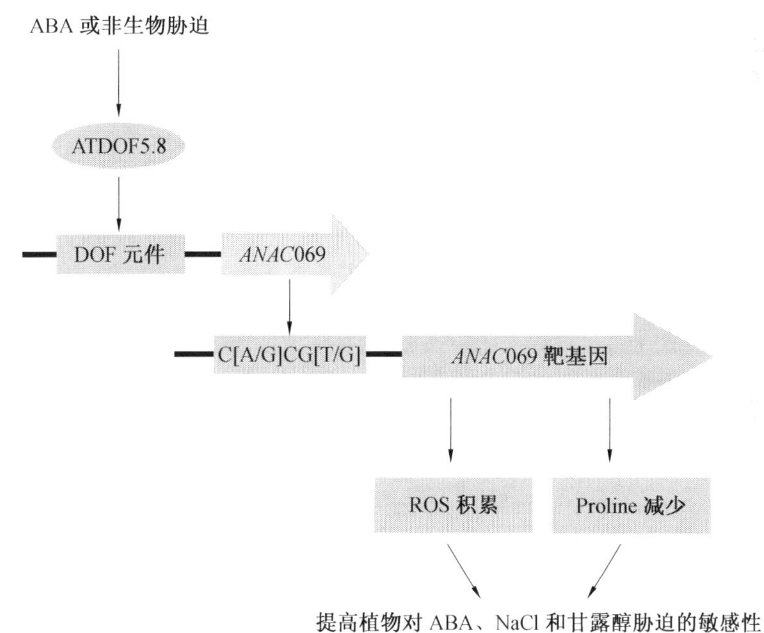

图7.1　ANAC069参与调控非生物胁迫反应的模型

7.2　结　　论

(1)*ANAC*069基因的表达具有一定的组织特异性且可以被非生物胁迫诱导。

(2)转录因子ANAC069在拟南芥逆境反应中充当一个负面角色。

(3)ANAC069蛋白具有转录自激活活性,其转录激活区位于第200～352个氨基酸之间;ANAC069蛋白能够与Pr19和Pr27发生互作。

(4)上游调控因子ATDOF5.8通过识别DOF元件调控*ANAC*069的表达,非生物胁迫条件下*ATDOF*5.8和*ANAC*069具有极为相似的表达模式。

(5)ANAC069能够像其他NAC蛋白一样,与含有“CACG”核心结合序列的NACRS序列发生特异性结合。

(6)非生物胁迫条件下ANAC069蛋白主要通过识别C[A/G]CG[T/G]核心序列调控下游靶基因的表达。

参 考 文 献

[1] 迟春明，王志春.磷石膏改善苏打碱土理化性质效果分析[J].生态环境学报，2009，18(6):2373-2375.

[2] SEKI M, NARUSAKA M, ABE H, et al. Monitoring the expression pattern of 1 300 *Arabidopsis* genes under drought and cold stresses by using a full-length cDNAmicroarray[J]. Plant Cell,2001, 13: 61-72.

[3] KACPERSKA A. Sensor types in signal transduction pathways in plant cells responding to abiotic stressors: do they depend on stress intensity? [J]. Physiol Plant, 2004, 122:159-168.

[4] ZHANG J Z, CREELMAN R A, ZHU J K. From laboratory to feld. Using information from *Arabidopsis* to engineer salt, cold, and drought tolerance in crops[J]. Plant Physiol, 2004, 135:615-621.

[5] VALLIYODAN B, NGUYEN H T. Understanding regulatory networks and engineering for enhanced drought tolerance in plants[J]. Curr Opin Plant Biol, 2006, 9:189-195.

[6] SINGH K,FOLEY R C,ONATE-SANCHEZ L. Transcription factors in plant defense and stress response[J]. Curr Opin Plant Biol, 2002, 5:430-436.

[7] BALAZADEH S, SIDDIQUI H, ALLU A D, et al. A gene regulatory network control led by the NAC transcription factor ANAC092/AtNAC2/ORE1 during salt-promoted senescence[J]. Plant J,2010, 62: 250-264.

[8] HAO Y J, WEI W, SONG Q X, et al. Soybean NAC transcription factors promote abiotic stress tolerance and lateral root formation in transgenic plants[J]. Plant J, 2011, 68:302-313.

[9] AIDA M, ISHIDA T, FUKAKI H, et al. Gene involved in organ separation in *Arabidopsis*: an analysis of the cup-shaped cotyledon mutant[J]. Plant Cell,1997, 9: 841-857.

[10] KIM S G, KIM S Y, PARK C M. A membrane-associated NAC transcription factor regulates salt-responsive flowering via FLOWERING LOCUS T in *Arabidopsis*[J]. Planta,2007, 226:647-654.

[11] OHASHI-ITO K, ODA Y, FUKUDA H. *Arabidopsis* VASCULAR-RELATED NACDOMAIN6 directly regulates the genes that govern programmed cell death and secondary wall formation during xylem differentiation[J]. Plant Cell,2010, 22: 3461-3473.

[12] ZHONG R, DEMURA T, YE Z H. SND1, a NAC domain transcription factor, is a key regulator of secondary wall synthesis in fibers of *Arabidopsis*[J]. Plant Cell, 2006, 18: 3158-3170.

[13] BU Q Y , JIANG H L,LI C B , et al. Role of the *Arabidopsis thaliana* NAC transcription factors ANAC019 and ANAC055 in regulating jasmonic acid-signaled defense responses[J]. Cell Res,2008, 18:756-767.

[14] CHEN P, YAN M, LI L, et al. The apple DNA-binding one zinc-finger protein MdDof54 promotes drought resistance[J]. Hortic Res,2020,7(1):195.

[15] LU P L,CHEN N Z , AN R,et al. A novel drought-inducible gene, *ATAF1*, encodes a NAC family protein that negatively regulates the expression of stress-responsive genes in *Arabidopsis*[J]. Plant Mol Biol, 2007, 63:289-305.

[16] TRAN L S, NAKASHIMA K, SAKUMA Y, et al. Isolation and functional analysis of *Arabidopsis* stress-inducible NAC transcription factors that bind to a osmotic-responsive cis-element in the early responsive to dehydration stress 1 promoter[J]. Plant Cell, 2004, 6:2481-2498.

[17] 刘强，张贵友，陈受宜. 植物转录因子的结构与调控作用[J]. 科学通报,2000(14):1465-1474.

[18] BOULIKAS T. Putative nuclear localization signals (NLS) in protein transcription factors[J]. Cell Biochem,1994, 55:32-58.

[19] RIECHMARM J L,HEARD J,MARTIN G, et al. *Arabidopsis* transcription factors-genome-wide comparative analysis among eukatyotes[J]. Science,2000, 290:2105-2110.

[20] DORON S I , GUY A,DUDY B Z . ABI4 downregulates expression of the sodium transporter HKT1;1 in *Arabidopsis* roots and affects salt tolerance[J]. Plant J, 2013,73(6):993-1005.

[21] ZHENG L, LIU G F ,MENG X N, et al. A *WRKY* gene from *Tamarix* hispida, ThWRKY4, mediates abiotic stress responses by modulating reactive oxygen species and expression of stress-responsive genes[J]. Plant Mol Biol,2013,82(4-5):303-320.

[22] DU H, ZHANG L, LIU L, et al. Biochemical and molecular characterization of plant MYB transcription factor family[J]. Biochemistry, 2009, 74:1-11.

[23] YU E Y, KIM S E, KIM J H, et al. Sequence specific DNA recognition by the Myb like domain of plant telomeric protein RTBP1[J]. Biol Chem, 2000, 275:24208-24214.

[24] KATIYAR A, SMITA S, LENKA S K,et al. Genome-wide classification and expression analysis of MYB transcription factor families in rice and *Arabidopsis*[J]. BMC Genomics,2012, 13:544.

[25] YANHUI C, XIAOYUAN Y, KUN H,et al. The MYB transcription factor super

family of *Arabidopsis*: expression analysis and phylogenetic comparison with the rice MYB family[J]. Plant Mol Biol, 2006, 60:107-124.

[26] BRAUN E L, GROTEWOLD E. Newly discovered plant c-myb-like genes rewrite the evolution of the plant *myb* gene family[J]. Plant Physiol,1999, 121:21-24.

[27] KRANZ H, SCHOLZ K, WEISSHAAR B. c -MYB oncogene like genes encoding three MYB repeats occur in all major plant lineages[J]. Plant J, 2000,21:231-235.

[28] AN J P, WANG X F, ZHANG X W, et al. An apple MYB transcription factor regulates cold tolerance and anthocyanin accumulation and undergoes MIEL1-mediated degradation[J]. Plant Biotechnol J,2020, 18(2):337-353.

[29] HE Y, MU S, HE Z, et al. Ectopic expression of MYB repressor *GmMYB3a* improves drought tolerance and productivity of transgenic peanuts (*Arachis hypogaea* L.) under conditions of water deficit[J]. Transgenic Res, 2020, 29(5-6): 563-574.

[30] ZHANG P, WANG R, YANG X,et al. The R2R3-MYB transcription factor *AtMYB49* modulates salt tolerance in *Arabidopsis* by modulating the cuticle formation and antioxidant defence[J]. Plant Cell Environ, 2020, 43(8):1925-1943.

[31] ZHANG C Y, LIU H C, ZHANG X S, et al. *VcMYB4a*, an R2R3-MYB transcription factor from *Vaccinium corymbosum*, negatively regulates salt, drought, and temperature stress[J]. Gene,2020, 757:144935.

[32] ZHANG L C, ZHAO G Y, XIA C, et al. A wheat *R2R3-MYB* gene, *TaMYB30-B*, improves drought stress tolerance in transgenic *Arabidopsis*[J]. J Exp Bot, 2012, 63:5873-5885.

[33] BAOHONG Z, ZHENHUA J, SHUANGMEI T, et al. *AtMYB44* positively modulates disease resistance to *Pseudomonas syringae* through the salicylic acid signaling pathway in *Arabidopsis*[J]. Funct Plant Biol, 2012, 40:304-313.

[34] SHI H, CUI R, HU B,et al. Overexpression of transcription factor AtMYB44 facilitates *Botrytis* infection in *Arabidopsis*[J]. Phys Mol Plant Path, 2011, 76:90-95.

[35] ZHU J, VERSLUES P E, ZHENG X, et al. Hos10 encodes an R2R3-type MYB transcription factor essential for cold acclimation in plants[J]. Proc Natal Acad Sci USA ,2005, 102:9966-9971.

[36] VANNINI C, LOCATELLI F, BRACALE M, et al. Overexpression of the rice *OSMYB4* gene increases chilling and freezing tolerance of *Arabidopsis thaliana* plants[J]. Plant J, 2004, 37:115-127.

[37] GAO J, ZHANG Z, PENG R, et al. Forced expression of *MdMYB10*, a myb transcription factor from apple, enhances tolerance to osmotic stress in transgenic *Arabidopsis*[J]. Mol Biol Rep, 2010, 38:205-211.

[38] XIE Z, LI D, WANG L, et al. Role of the stomatal development regulators FLP/MYB88 in abiotic stress responses[J]. Plant J,2010, 64:731-739.

[39] LIPPOLD F, SANCHEZ D H, MUSIALAK M,et al. AtMYB41 regulates transcriptional and metabolic responses to osmotic stress in *Arabidopsis*[J]. Plant Physiol,2009, 149:1751-1772.

[40] LIANG Y K, DUBOS C, DODD I C, et al. AtMYB61, an R2R3-MYB transcription factor controlling stomatal aperture in *Arabidopsis thaliana*[J]. Curr Biol, 2005, 15:1201-1206.

[41] DAI X, XU Y, MA Q, et al. Overexpression of an R1R2R3 *MYB* gene, *OsMYB3R*-2, increases tolerance to freezing, drought, and salt stress in transgenic *Arabidopsis*[J]. Plant Physiol,2007, 143:1739-1751.

[42] KAO C Y, COCCIOLONE S M, VASIL I K, et al. Localization and interaction of the cis-element for ABA, VP1 and light activation of the *C*1 gene of maize[J]. Plant Cell, 1996, 8:1171-1179.

[43] COCCIOLONE S M, SIDORENKO L V, CHOPRA S,et al. Hierarchical patterns of transgene expression indicate involvement of developmental mechanisms in the regulation of the maize P1-rr promoter[J]. Genetics, 2000, 156:839-846.

[44] JAKOBY M. bZIP transcription factors in *Arabidopsis*[J]. Trends Plant Sci, 2002, 7:106-111.

[45] FINKELSTEIN R R, LYNCH T J. The *Arabidopsis* abscisic acid response gene *ABI*5 encodes a basic leucine zipper transcription factor[J]. Plant Cell, 2000, 12: 599-610.

[46] HOBO T. A bZIP factor, TRAB1 interacts with VP1 and mediates abscisic acidinduced transcription[J]. Proc Natl Acad Sci USA, 1999, 96:15348-15353.

[47] JI X Y, LIU G F, LIU Y J, et al. The bZIP protein from *Tamarix hispida*, ThbZIP1, is ACGT elements binding factor that enhances abiotic stress signaling in transgenic *Arabidopsis*[J]. BMC Plant Biol, 2013, 13:151.

[48] UNO Y, FURIHATA T, ABE H, et al. *Arabidopsis* basic leucine zipper transcription factors involved in an abscisic acid-dependent signal transduction pathway under drought and high-salinity conditions[J]. Proc Natl Acad Sci USA,2000, 97: 11632-11637.

[49] YANG S, XU K, CHEN S, et al. A stress-responsive bZIP transcription factor *OsbZIP*62 improves drought and oxidative tolerance in rice[J]. BMC Plant Biol, 2019, 19(1):260.

[50] WANG W, QIU X, YANG Y, et al. Sweetpotato bZIP transcription factor *IbABF*4 confers tolerance to multiple abiotic stresses[J]. Front Plant Sci,2019, 10: 630.

[51] ISHIGURO S, NAKAMURA K. Characterization of a cDNAencoding a novel

DNA-binding protein, SPF1, that recognizes SP8 sequences in the 59 upstream regions of genes coding for sporamin and b-amylase from sweet potato[J]. Mol Gen Genet,1994, 244:563-571.

[52] RUSHTON P J. Interaction of elicitor-induced DNAbinding proteins with elicitor response elements in the promoters of parsley *PR*1 genes[J]. EMBO J,1996, 15: 5690-5700.

[53] PATER S. Characterization of a zinc-dependent transcriptional activator from *Arabidopsis*[J]. Nucleic Acids Res, 1996, 24:4624-4631.

[54] THOMAS E, PAUL J, RUSHTON S. The WRKY superfamily of plant transcription factors[J]. Trends Plant Sci,2000,5:199-206.

[55] XIE Z. Regulatory networks of the phytohormone abscisic acid[J]. Vitam Horm, 2005, 72:235-269.

[56] WU X. Enhanced heat and drought tolerance in transgenic rice seedlings overexpressing *OsWRKY*11 under the control of *HSP*101 promoter[J]. Plant Cell Rep, 2009, 28:21-30.

[57] QIU Y P, YU D Q. Over-expression of the stress-induced *OsWRKY*45 enhances disease resistance and drought tolerance in *Arabidopsis*[J]. Environ Exp Bot, 2009, 65:35-47.

[58]JIANG Y,DEYHOLOS M. Functional characterization of *Arabidopsis* NaCl-inducible WRKY25 and WRKY33 transcription factors in abiotic stresses[J]. Plant Mol Biol, 2009, 69:91-105.

[59] ZHOU Q Y. Soybean WRKY-type transcription factor genes, *GmWRKY*13, *GmWRKY*21, and *GmWRKY*54, confer differential tolerance to abiotic stresses in transgenic *Arabidopsis* plants[J]. Plant Biotechnol J, 2008, 6:486-503.

[60] KANG G, YAN D, CHEN X, et al. A novel IIc WRKY transcription factor from *Hevea brasiliensis* associated with abiotic stress tolerance and leaf senescence in *Arabidopsis*[J]. Physiol Plant,2021, 171(1):151-160.

[61] AIDA M, ISHIDA T, FUKAKI H, et al. Genes involved in organ separation in *Arabidopsis*,analysis of the cup-shaped cotyledon mutant[J]. Plant Cell,1997, 9(6):841-857.

[62] SOUER E, HOUWELINGGEN V A, KLOOS D, et al. The no apical meristem gene of petunia is required for pattern formation in embryos and flowers and is expressed at meristem and primordial boundaries[J]. Cell, 1996, 85(2):159-170.

[63] RUSHTON P J, BOKOWIEC M T, HAN S C,et al. Tobacco transcription factors: novel insights into transcriptional regulation in the *Solanaceae*[J]. Plant Physiol, 2008, 14:280-295.

[64] HU R, QI G, KONG Y,et al. Comprehensive analysis of NAC domain transcription factor gene family in *Populus trichocarpa*[J]. BMC Plant Biol,2010, 10:145.

[65] NURUZZAMAN M, MANIMEKALAI R, SHARONI A M, et al. Genome-wide analysis of NAC transcription factor family in rice[J]. Gene,2010, 465:30-44.

[66] WANG N, ZHENG Y, XIN H, et al. Comprehensive analysis of NAC domain transcription factor gene family in *Vitis vinifera*[J]. Plant Cell Rep, 2013, 32(1): 61-75.

[67] LE D T, NISHIYAMA R, WATANABE Y, et al. Genome-wide survey and expression analysis of the plant-specific NAC transcription factor family in soybean during development and dehydrationstress[J]. DNARes, 2011, 18:263-276.

[68] OOKA H, SATOH K, DOI K, et al. Comprehensive analysis of NAC family genes in *Oryza sativa* and *Arabidopsis thaliana*[J]. DNARes,2003, 10:239-247.

[69] ERNST H A, LEGGIO L L, SKRIVER K. NAC transcription factors: structurally distinct, functionally diverse[J]. Trends Plant Sci, 2005, 10:79-87.

[70] ERNST H A, OLSEN A N, LARSEN S, et al. Structure of the conserved domain of ANAC, a member of the NAC family of transcription factors[J]. EMBO Rep, 2004, 5:297-303.

[71] OLSEN A N, ERNST H A, LEGGIO L L,et al. DNA-binding specificity and molecular functions of NAC transcription factors[J]. Plant Sci, 2005, 169:785-797.

[72] CHEN Q, WANG Q, XIONG L,et al. A structural view of the conserved domain of rice stress-responsive NAC1[J]. Protein Cell, 2011, 2:55-63.

[73] XIE Q, FRUGIS G, COLGAN D,et al. *Arabidopsis* NAC1 transduces auxin signal downstream of TIR1 to promote lateral root development[J]. Genes Dev, 2000, 14:3024-3036.

[74] YAMAGUCHI M, KUBO M, FUKUDA H,et al. Vascular-related NAC-DOMAIN7 is involved in the differentiation of all types of xylem vessels in *Arabidopsis* roots and shoots[J]. Plant J,2008, 55:652-664.

[75] ZHENG X N, CHEN B, LU G J, et al. Overexpression of a NAC transcription factor enhances rice drought and salt tolerance[J]. Biochem Biophys Res Commun, 2009, 379:985-989.

[76] KIM J S,MIZOI J,KIDOKORO S,et al. *Arabidopsis* GROWTH-REGULATING FACTOR7 functions as a transcriptional repressor of abscisic acid- and osmotic stress-responsive genes, including *DREB2A*[J]. Plant Cell, 2012, 24:3393-3405.

[77] JENSEN M K, RUNG J H, GREGERSEN P L, et al. The HvNAC6 transcription factor:a positive regulator of penetration resistance in barley and *Arabidopsis*[J]. Plant Mol Biol, 2007, 65:137-150.

[78] DELESSERT C, KAZAN K, WILSON I W, et al. The transcription factor ATAF2 represses the expression of pathogenesis-related genes in *Arabidopsis*[J]. Plant J,2005, 43:745-757.

[79] NAKASHIMA K, TRAN L S, VANNGUYEN D,et al. Functional analysis of a

NAC-type transcription factor OsNAC6 involved in abiotic and biotic stress responsive gene expressionin rice[J]. Plant J,2007, 51:617-630.

[80] MA N N, ZUO Y Q, LIANG X Q, et al. The multiple stress-responsive transcriptiofactor SlNAC1 improves the chilling tolerance of tomato[J]. Physiol Plant, 2013,149(4):474-486.

[81] NAKASHIMA K, ITO Y, YAMAGUCHI-SHINOZAKI K. Transcriptional regulatory networks in response to abiotic stresses in *Arabidopsis* and grasses[J]. Plant Physiol, 2009, 149:88-95.

[82] JEONG J S, KIM Y S, BAEK K H, et al.. Root-specific expression of *OsNAC*10 improves drought tolerance and grain yield in rice under field drought conditions [J]. Plant Physiol,2010, 153:185-197.

[83] MAO H, LI S, WANG Z, et al. Regulatory changes in *TaSNAC*8-6*A* are associated with drought tolerance in wheat seedlings[J]. Plant Biotechnol J,2020, 18 (4):1078-1092.

[84] LIU Q L,XU K D, ZHAO L J, et al. Overexpression of a novel chrysanthemum NAC transcription factor gene enhances salt tolerance in tobacco[J]. Biotechnol Lett, 2011, 33:2073-2082.

[85] RAMEGOWDA V, SENTHIL-KUMAR M, NATARAJA K N, et al. Expression of a finger millet transcription factor, EcNAC1, in tobacco confers abiotic stress-tolerance[J]. PLoS One,2012, 7:e40397.

[86] TANG Y, LIU M, GAO S,et al. Molecular characterization of novel *TaNAC* genes in wheat and overexpression of *TaNAC2a* confers drought tolerance in tobacco[J]. Physiol Plant,2012, 144:210-224.

[87] TAKASAKI H, MARUYAMA K, KIDOKORO S, et al. The abiotic stress-responsive NAC-type transcription factor OsNAC5 regulates stress- inducible genes and stress tolerance in rice[J]. Mol Genet Genomics, 2010, 284:173-183.

[88] FUJITA M , FUJITA Y ,MARUYAMA K,et al. A dehydration-induced NAC protein, RD26, is involved in a novel ABA-dependent stress-signaling pathway [J]. Plant J, 2004, 39:863-876.

[89] LU M, YING S, ZHANG D F, et al. A maize stress-responsive NAC transcription factor, ZmSNAC1, confers enhanced tolerance to dehydration in transgenic *Arabidopsis*[J]. Plant Cell Rep,2012, 31:1701-1711.

[90] CHIEN C T. The two-hybrid system: A method to identify and clone genes for proteins that interact with a protein of interest[J]. Proc Nati Acad Sci USA, 1991, 88:9578-9582.

[91] COATES1 P J,HALL P A . The yeast two-hybrid system for identifying protein-protein interactions[J]. J Pathol,2003, 199: 4-7.

[92] 王琪，朱延明，王冬冬. 酵母单杂交系统在植物基因工程研究中的应用[J]. 北京林

业大学学报，2008，30:142-147.

[93] 王传琦，孔稳稳，李晶. 植物转录因子最新研究方法[J]. 生物技术通报，2013，24：118-123.

[94] UEKI S，LACROIX B，KRICHEVSKY A，et al. Functional transient genetic transformation of *Arabidopsis* leaves by biolistic bombardment[J]. Nat Protoc，2009，4(1):71-77.

[95] ZHENG L，LIU G F，MENG X N ，et al. A versatile agrobacterium-mediated transient gene expression system for herbaceous plants and trees[J]. Biochem Genet，2012，50:761-769.

[96] KUO M H，ALLIS C D. In vivo cross-linking and immunoprecipitation for studying dynamic protein：DNAassociations in a chromatin environment[J]. Methods，1999，19 (3) :425-433.

[97] MAYR B，MONTMINY M. Transcriptional regulation by the phosphorylation-dependent factor CREB[J]. Nat Rev Mol Cell Biol，2001，2(8):599-609.

[98] CHIEN T Y，LIN C K，LIN C W，et al. DBD2BS:connecting a DNA-binding protein with its binding sites[J]. Nucleic Acid Res，2012，40:173-179.

[99] MASSIE C E，MILLS I G. Chromatin immunoprecipitation (ChIP) methodology and readouts [J]. Methods Mol Bio，2009，505:123-137.

[100] 魏庆娟，闫永楠，孔波，等. 微阵列技术的应用及发展趋势[J]. 东北电力大学学报，2008，28:17-21.

[101] JEONG H J，JUNG K H. Rice tissue-specific promoters and condition-dependent promoters for effective translational application[J]. J Integr Plant Biol，2015，57 (11)：913-24..

[102] JUNGMIN PARK，YOUN-SUNG KIM，SANG-GYU KIM，et al. Integration of auxin and salt signals by the NAC transcription factor NTM2 during seed germination in *Arabidopsis*[J]. Plant Physiology，2011，156:537-549.

[103] 方允中，李文杰. 自由基与酶：基础理论及其在生物学和医学中的应用[M]. 北京：科学出版社，1989.

[104] ZHANG X，WANG L，MENG H，et al. Maize ABP9 enhances tolerance to multiple stresses in transgenic *Arabidopsis* by modulating ABA signaling and cellular levels of reactive oxygen species[J]. Plant Mol Biol，2011，75:365-378.

[105] KAVI KISHOR P B，SREENIVASULU N. Is proline accumulation per secorrelated with stress tolerance or is proline homeostasis a more critical issue? [J]. Plant Cell Environ，2014，37(2):300-311.

[106] SILVA-ORTEGA C O，OCHOA-ALFARO A E，REYES-AGUERO J A，et al. Salt stress increases the expression of *p5cs* gene and induces proline accumulation in cactus pear[J]. Plant Physiol Biochem，2008，46：82-92.

[107] FUNCK D，WINTER G，BAUMGARTEN L，et al. Requirement of proline syn-

thesis during *Arabidopsis* reproductive development[J]. BMC Plant Biol,2012, 12:191.

[108] 陈少裕. 膜脂过氧化对植物细胞的伤害[J]. 植物生理学通讯,1991, 27(2):84-90.

[109] 陈禹兴,付连双,王晓楠,等. 低温胁迫对冬小麦恢复生长后植株细胞膜透性和丙二醛含量的影响[J]. 东北农业大学学报, 2010, 41(10):10-16.

[110] SHAN W,KUANG J F ,CHEN L, et al. Molecular characterization of banana NAC transcription factors and their interactions with ethylene signalling component EIL during fruit ripening[J]. J Exp Bot,2012, 63:5171-5187.

[111] KRESTINE G, TANJA L A , MICHAEL K, et al. Interactions between plant RING-H2 and plant-specific NAC(NAM/ATAF1/2/CUC2) proteins : RING-H2 molecular specificity and cellular localization[J]. Biochem J, 2003, 371:97-108.

[112] TERUYUKI M, YUSUKE K, TAKANORI M,et al. *Arabidopsis* NAC transcription factor, ANAC078, regulates flavonoid biosynthesis under High-light [J]. Plant Cell Physiol, 2009, 50(12): 2210-2222.

[113] HAO Y J,SONG Q X, CHEN H W, et al. Plant NAC-type transcription factor proteins contain a NARD domain for repression of transcriptional activation[J]. Planta, 2010, 232:1033-1043.

[114] ABE H, YAMAGUCHI SHINOZAKI K, URAO T, et al. Role of *Arabidopsis* MYC and MYB homologs in drought and abscisic acid regulated gene expression [J]. Plant Cell,1997, 9:1859-1868.

[115] DORON S I, GUY A, DUDY B Z. ABI4 downregulates expression of the sodium transporter *HKT*1;1 in *Arabidopsis* roots and affects salt tolerance[J]. Plant J, 2013, 73:993-1005.

[116] ELEONORA C, MASSIMO G, ALESSANDRA A,et al. DOF-binding sites additively contribute to guard cell-specificity of AtMYB60 promoter[J]. BMC Plant Biol,2011, 11:162.

[117] ZHOU Y, HUANG W, LIU L, et al. Identification and functional characterization of a rice *NAC* gene involved in the regulation of leaf senescence[J]. BMC Plant Biol, 2013, 13:132 .

[118] HU H, DAI M, YAO J, et al. Overexpressing a NAM, ATAF, and CUC (NAC) transcription factor enhances drought resistance and salt tolerance in rice [J]. Proc Natl Acad Sci USA, 2006, 103:12987-12992.

[119] SUZUKI N, KOUSSEVITZKY S, MITTLER R,et al. ROS and redox signalling in the response of plants to abiotic stress[J]. Plant Cell Environ, 2012, 35:259-270.

[120] WOJCIK K A, KAMINSKA A, BLASIAK J,et al. Oxidative stress in the pathogenesis of keratoconus and fuchs endothelial corneal dystrophy[J]. Int J Mol Sci, 2013, 14:19294-19308.

[121] JENSEN M K, KJAERSGAARD T, NIELSEN M M, et al. The *Arabidopsis thaliana* NAC *transcription factor family: structure-function relationships and determinants of* ANAC019 stress signalling[J]. Biochem J, 2010, 426:183-196.

[122] XU Z Y, KIM S Y, HYEON D Y, et al. The *Arabidopsis* NAC transcription factor ANAC096 cooperates with bZIP-type transcription factors in dehydration and osmotic stress responses[J]. Plant Cell,2013, 25: 4708-4724.

[123] LINDEMOSE S, JENSEN M K, VAN DE VELDE J, et al. A DNA-binding-site landscape and regulatory network analysis for NAC transcription factors in *Arabidopsis thaliana*[J]. Nucleic Acids Res,2014, 42(12): 7681-7693.

[124] YANAGISAWA S. Dof domain proteins: plant-specific transcription factors associated with diverse phenomena unique to plants[J]. Plant Cell Physiol, 2004, 45:386-391.

[125] GUNNAR P, THOMAS E, BERND M R. Involvement of TAAAG elements suggests a role for Dof transcription factors in guard cell-specific gene expression [J]. Plant J,2001, 28(4):455-464.

[126] ELEONORA C, MASSIMO G, ALESSANDRA A, et al. DOF-binding sites additively contribute to guard cell-specificity of *AtMYB*60 promoter[J]. BMC Plant Biol,2011, 11:162.